JN318066

なにわのみやび
野田のふじ

玉川春日神社総代
藤　三郎

東方出版

野田藤を観察する牧野富太郎博士（昭和10年頃、藤平八撮影）

『藤伝記絵巻　第一巻』（玉川春日神社所蔵、以下「玉川」は略）

◀『藤伝記絵巻　第二巻』（右）『藤伝記絵巻　第三巻』（春日神社所蔵）

證如より下賜された「方便法身尊形」の
阿弥陀如来像（春日神社所蔵）

豊公画像（春日神社所蔵）

「藤庵」の額。曽呂利新左衛門が秀吉の御前で大書したと
伝わる。時を経て判読が難しくなった（春日神社所蔵）

なにわのみやび野田のふじ●目次

装幀◆森本良成

はじめに

鎌倉時代の初め、淀川河口の近くに野田郷と呼ばれる集落があった。現在の大阪市福島区野田玉川付近に当たる。当時、あたりは一面ふじが自生し、春になるとその花は松の枝から枝へとからまり、あたかも花の浮き橋のようだった。

この光景を、時の太政大臣西園寺公経《きんつね》は次のように詠んだ。

難波かた野田の細江を見わたせハ藤浪かゝる花のうきはし

その頃、野田郷の南側は大阪湾に面し、かつて野田の新家と呼ばれていた付近から細い入江が陸地の奥深くまで入り込んでいた。この入江を取り巻く形で松に寄り添ってふじが生い茂り、そこに風が吹き松が揺れるたびに白いふじの花がさながら波頭が立つように見え見事な眺めであった。都人をみやびの世界へいざなったこの光景は、鎌倉時代初期から応仁の乱頃まで続いていたと思われる。

日本古来のふじの和名は「ノダフジ」という。日本の植物学の基礎を築いた高名な植物学者牧野富太郎博士が命名したことによる。本書では慣例に従い「のだふじ」としたが、原文で「野田藤」「藤」

野田フジの標本（高知県立牧野植物園標本室に収蔵）

などと書かれている場合は、それに従った。

のだふじは、マメ科フジ属の落葉性のつる草で枝は長く伸び、つるは右巻き、総状の花房は長く垂れ下がり、二〇〜一〇〇センチメートルに達する。花は一・二〜二センチメートルと比較的小さく、花の色は紫色かすみれ色が基本色である。花は四月から六月にかけて咲く。

やまふじ（のふじとも呼ぶ）は、つるは左巻き、のだふじに比べて花房は短く、花はやや大きめでかおりがある。ノダナガフジ、ショウワシロフジ、ナガサキ一歳フジなどと呼ばれる現存する多数のふじはこれらの原種から品種改良された園芸種である。ほかに、紫藤と呼ばれるふじも知られているが、これは外来のしなふじのようである。

ふじの和名に江戸時代、大坂三郷の西にあった一村落にすぎない「野田」という、特定の地名が冠

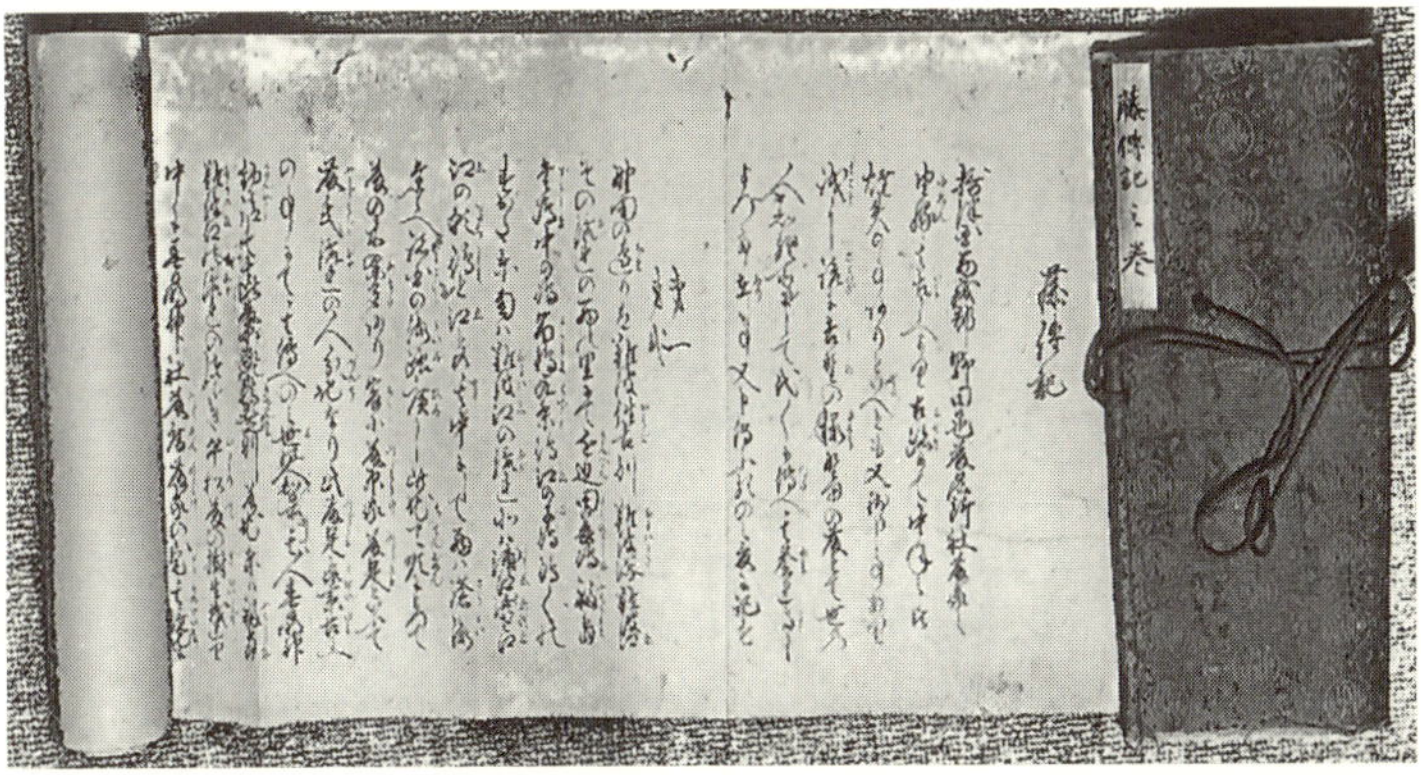

『藤伝記』詞書（春日神社所蔵）

せられた理由は、この付近のふじには長い歴史と多くの伝承伝説が残されており、江戸時代末には広く人々の間で知られていたことによる。

公経の後、室町時代初期には、足利尊氏の子室町幕府二代将軍足利義詮《よしあきら》も、住吉詣の途中玉川に立ち寄り野田のふじを詠んだ。

紫の雲をやといはむ藤の花野にも山にもはいぞかかれる

ほぼ同じ頃、後醍醐天皇の皇子宗良《むねよし》親王も野田のふじを詠んだ和歌を残している。

その後、江戸時代に至るまでの記録は、応仁の乱、「二一人討死の伝承」に残る合戦、信長の大坂本願寺攻め、大坂の役と、足かけ二五〇年におよぶ野田福島を戦場とする戦乱のためほとんど失われてしまった。

そのような状況の中にあって、『藤伝記』は現存する野田とのだふじに関する数少ない基本文書で、仏教大学文学部渡邊忠司教授の調査によれば、江戸時代中頃には、版本になっており、その一つが国立国会図書館に保管されている。実物は、巻物一巻（タテ三七・七、ヨコ七一八・七センチメートル）で（玉川）春日神社（以下単に春日神社と呼ぶ）に保存されている。元大阪城天守閣名誉館長渡辺武先生による『野田藤とその歴史』から全文の釈文と注を参考史料（a）に掲載させていただいた。

これが作られた背景には、寛文二年（一六六二）に大火があり、それ以前のほとんどの文書や記録が失われてしまったことにある。失われた記録伝承を何とか後世に伝えるため、春日神社を氏神とする野田村の庄屋藤宗左衛門（法名宗慎）が貞享三年（一六八六）、三二項目の箇条書きにまとめた記録が『藤伝記』の元になっている。

その後、明和～天明年間（一七六四～一七八九）にかけて宗左衛門（法名藤庵）が、訪れてくる上級武士——大坂城城代、大坂町奉行、代官など——に野田とふじの由緒由来を説明していたが、その際、要点をわかりやすく説明（現在風に言えばプレゼンテーション）するために一六項目に整理統合すると共に、原本成立後の情報も追加し写本を作成した。現存する『藤伝記』はこの写本である。これは巻頭に掲載した三巻の絵巻物と一対になっている。

年月の経過と共に原本の方は損傷が激しくなったのか、城代・奉行などへの説明用には、写本の方で十分と判断したのか定かではないが、いつの間にか失われてしまったようである。

この度、渡邊忠司教授によるご指導を受ける機会を得、さらに尼崎市立地域研究史料館ボランティア石井進氏により未解読であった春日神社古文書の釈文が成った機会に、すでに知られた史実を縦糸とし、近隣に残された古文書を横糸に、これに和歌が醸し出すみやびの世界を織り交ぜて野田とのだふじの伝承と歴史を一冊の本にまとめた。

なお、石井進氏による春日神社古文書の釈文は膨大な量になったが、その一部を参考史料（c）～（f）に使わせていただいた。また参考史料(b)～(f)の注も同氏によるものである。

第一章　野田とのだふじのあけぼの

難波浦と野田州

古代の野田付近の地形は現在のそれとは、想像もつかないほど異なったものであった。野田付近の地形がどのように変化してきたのか、先人の研究を引用する。

梶山彦太郎氏らの『大阪平野のおいたち』によると、約一万二千年前、縄文時代初期の大阪平野は海水面が現在よりも約二七メートルも低く、古淀川・大和川・武庫川などが合流した大河である古大坂川が紀伊水道の先で太平洋に流れ込んでいた。

縄文海進が進み約二千年〜三千年前には、河内平野の奥、生駒山脈の麓まで河内潟と呼ばれる浅い内海になった。その後、この付近は湖水となって今から約千六百年前の古墳時代、地質学的に河内湖と呼ばれる時代には、古淀川は崇禅寺の南（新大阪駅付近）で大川となりほぼ現在の大阪城の北、天満付近で大阪湾に流れ込んでいた。五世紀頃の河内湖の時代には、淀川・大和川の河口付近には、難波の八十島と呼ばれた小さな島が点々と浮かんでいた。

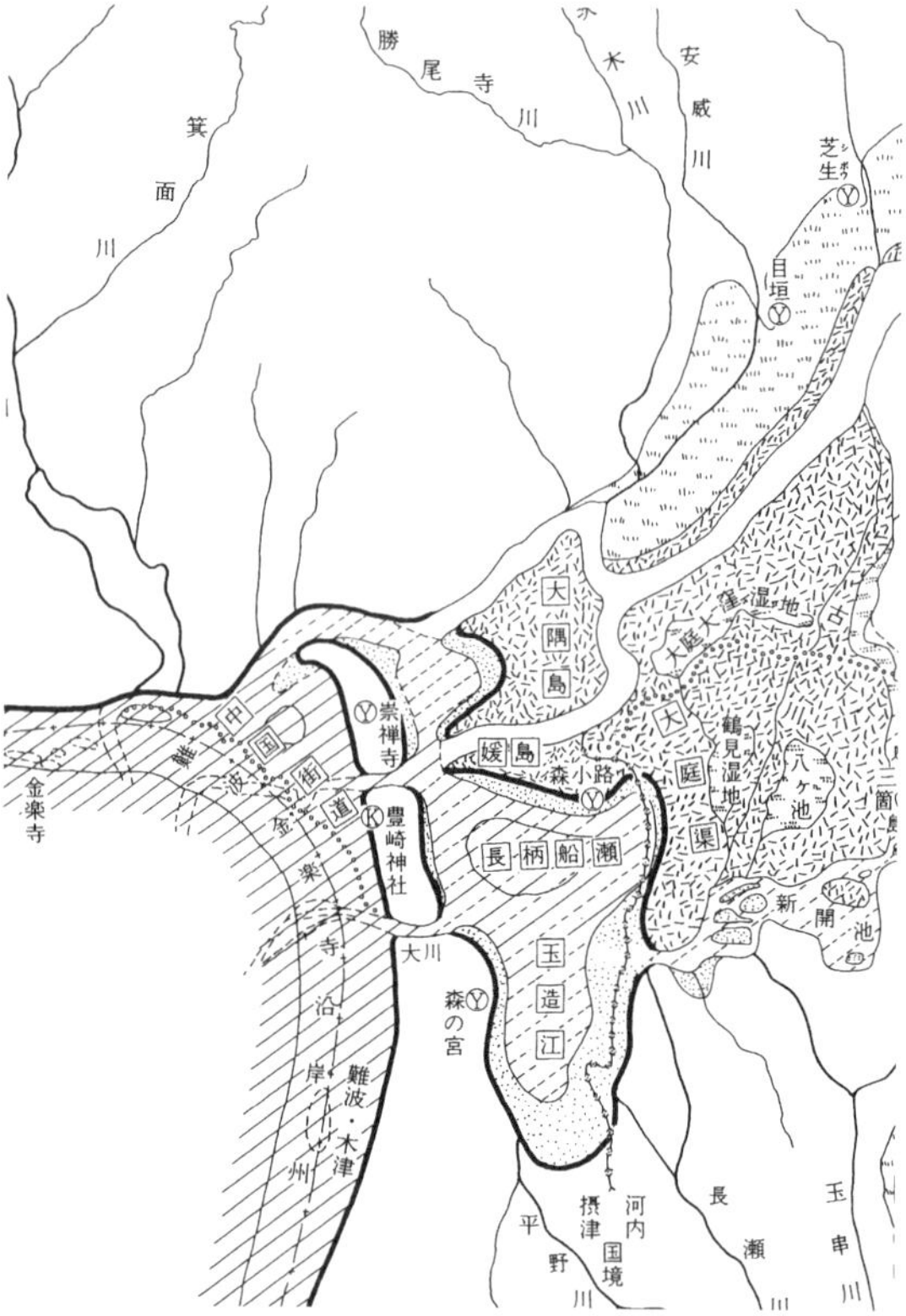

河内湖Ⅱの時代（５世紀頃）の大阪（梶山彦太郎・市原実著『続大阪平野発達史』より）

飛鳥時代から奈良時代にかけて、遣唐使が難波から唐の国を目指して船出をしていた頃は、野田付近はまだ海面下、あるいは一面干潟であったと思われる。延暦四年（七八五）神崎川と淀川をつなぐ運河が開削され、淀川を下る船はそれまでのように大川を通ることなく神崎川を下り直接瀬戸内海に出られるようになった。これは淀川、大和川などの上流から流入する土砂が淀川の下流域に堆積し、船舶の航行に支障をきたすようになったためである。

このように平安時代には、淀川下流に次々と扇状地や砂州が形成されていった。野田も最初はそういった砂州の一つで、平安時代末期には野田州と呼ばれていた。

『源平盛衰記』には平清盛の末弟薩摩守忠度《ただのり》が摂津の国を巡見した際、難波の浦の名所を次のように描写している。

里には長井の里、玉川の里とあるは、此に移り彼に見えて見渡して見給う中にも、難波の浦こそ古の事思い出しつつ哀れなり。

飛鳥時代から奈良時代にかけて、遣隋使、遣唐使など海外に向かう船は難波の浦から華々しく船出していった。平安時代にはいると、それらの船は神崎川を通るようになり、難波の浦はすっかり寂れてしまったことを忠度は哀れに思ったのである。

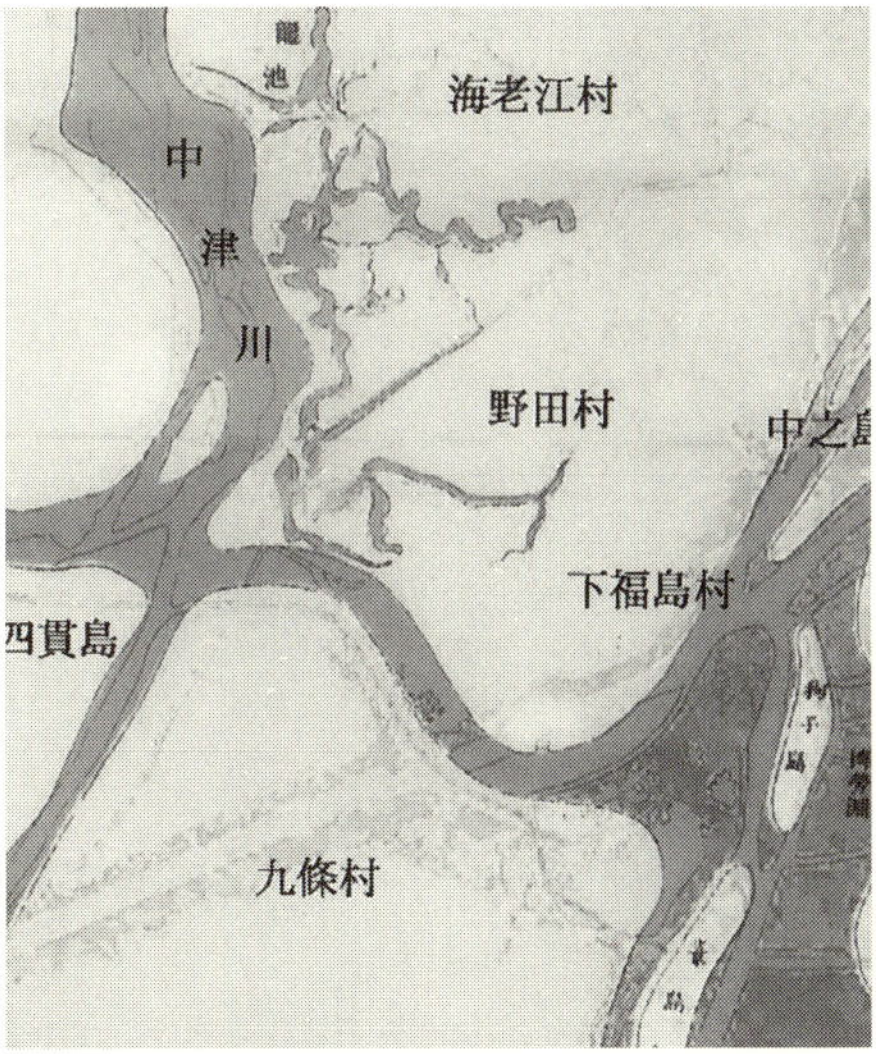

「大坂の役」当時の野田付近の地形図（参謀本部作成）

『西成郡史』によると、この玉川の里とは後世の野田郷を指すとされ、平安時代末期にはここに小さな村落があり、その頃すでにふじの名所であったことがうかがえる。

のだふじのあけぼの

鎌倉時代初期、公経が、「難波かた野田の細江……」と詠んだ地形は、江戸時代初期までその形をとどめていたことは、参謀本部作成の『大坂の役』当時の地形図に残っている。

往古の昔、海底または干潟であった野田付近

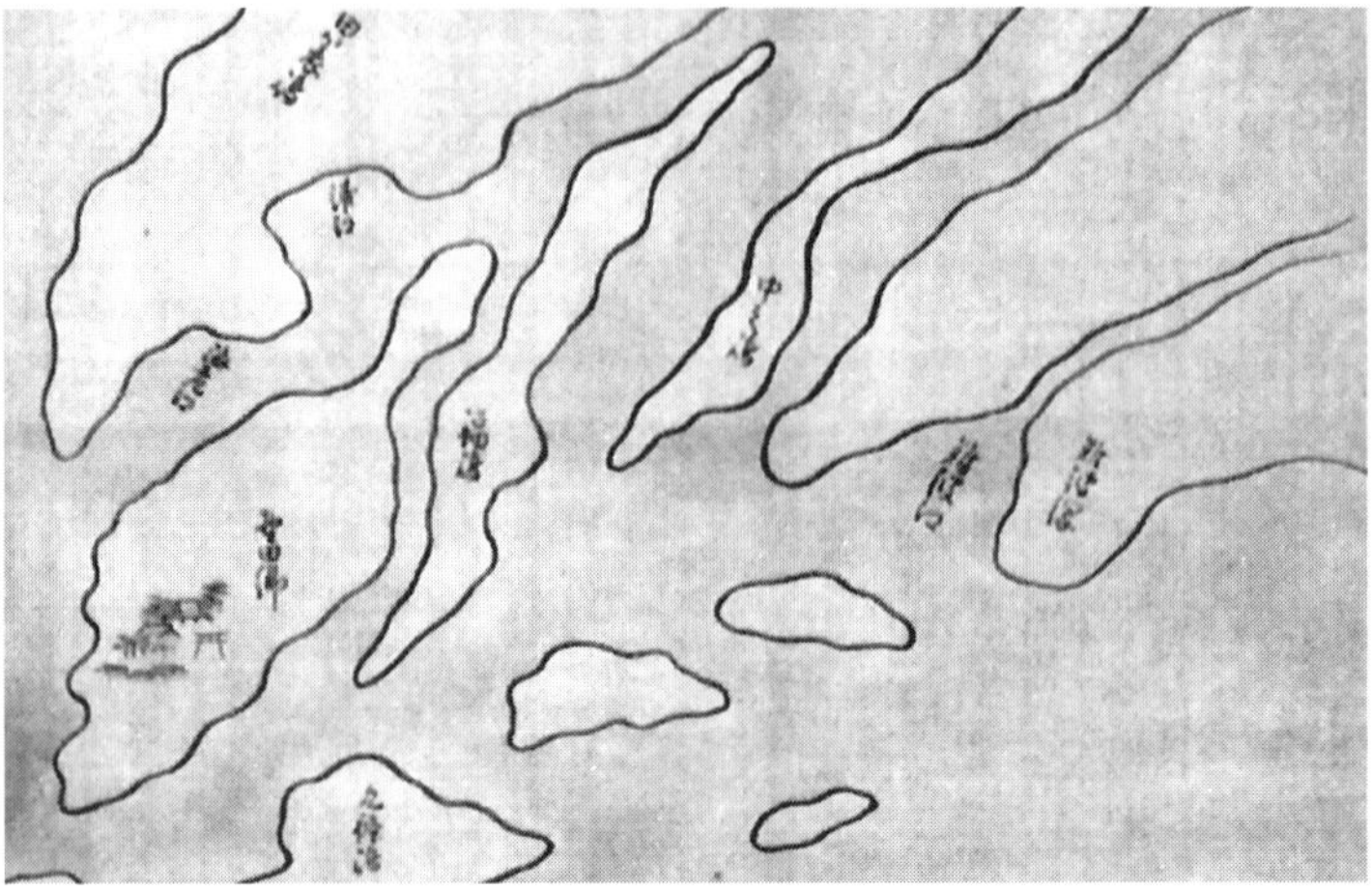

往古の難波浦の図（『藤伝記絵巻－第一巻』より）

に、もともとふじが自生していたはずはない。最初に誰かが植えたとも考えられるが、その場合、海岸一面に咲いているということは想像しがたい。

のだふじ発祥の状況を『藤伝記第一・二』では、次のように伝えている。

野田の辺りは往古の昔、難波潟、難波江の西のはずれにあって、田簑嶋・福島・堂嶋・中の嶋・富島・九条嶋・江の子嶋といった嶋々の一つだった。東南は難波江の流れ、北は浦江・海老江、西は西国につながっていた。東は福島と難波江に続き、南に民家が、北西は農作の地で囲まれていた。天順に恵まれそこにふじの木が松の木に絡まって生え繁っていた。

のだふじの始まりは、野田州が形成される過程で、大洪水に伴い上流から土砂とともに流れ着いた、多数のふじの木が偶々《たまたま》この付近に打ち上げられ根付いたと推測する。ふじは初夏に花が咲き実を付けると、その冬には固い莢になり、これが突然大きな音とともにはじけ、実を遠くまで飛

春日神社古絵図（春日神社所蔵）

ばすことが知られている。飛ばされた実の一部は地面に根付き、芽を出し、豊富な水と豊かな陽の光を浴びてすくすくと育ち、そのうちに松の木、クスノキなど大木に絡まり自生し始めたのであろう。

公経と春日明神勧請

春日神社は往古の昔、藤原藤足という者が勧請したとの伝承がある（『藤伝記第二』『藤之宮来由畧記』）。しかし、この人物の実在は確認できず、おそらく伝説上の人物と思われる。

一方、公経と春日明神の関係は次のように云い伝えられている（『藤伝記第三』および『氏書』）。

西園寺公経は藤名所の野田と春日明神を度々訪れ、春日明神は藤原氏の祖神であり、西園寺は藤原であると言うことで、和歌宝剣を奉納したり不動尊像を安置した。また、野田付近は西園寺家の領地で（荘園の意味か）公経の三男（実藤四辻家祖）四男（実有清水谷家祖）が相続した。藤氏は代々西園寺の位牌を守っていたが、その子孫は段々衰え、遂に尊氏《たかうじ》の時代（南北朝初期）にはそれも途絶えてしまった。

鎌倉時代、鷺島荘は福島区鷺洲から北区にかけて存在した天王寺領の荘園であることが知られている。野田もこの中に含まれていたと推定される。この付近で西園寺公経の領地として記録にあるのは、神崎川に面した賀島荘（現在の大阪市淀川区JR東西線「加島駅」付近）のみである。『仁和寺諸堂記』によると、ここはもと仁和寺子院青蓮寺領だったが、鎌倉初期、公経が伊予の国の所領と交換して西園寺家領となった。この加島にある古い神社は、孝徳天皇草創の香具波志神社であるが、春日神社との関係は不明である。

西園寺一族の春日明神参拝
（『藤伝記絵巻－第一巻』より）

野田が西園寺家の所領であったという確かな証拠は見つからないが、西国を結ぶ海上交通の要衝に位置した野田にも何らかの形で西園寺家の力がおよんでいた可能性はあるだろう。

公経は、藤原公季（九五六～一〇二九）の末裔で、傑出した政治的手腕を発揮し、一代で西園寺家を築き上げた。源氏の棟梁源頼朝と血縁関係を築く一方、幕府の後援を得ていた九條家とも縁故関係を結んでいった。

鎌倉幕府は、頼朝─頼家─実朝と続いたが、実朝が暗殺され源氏の直系が途絶えると、後鳥羽上皇は承久三年（一二二一）、「承久の変」を起こし鎌倉幕府転覆を企てた。

この時、公経は危険を冒して朝廷の動きをいち早く幕府方に通報し、これにより後に幕府の絶大な信用を得ることとなった。公経は承久三年に内大臣に、翌年には太政大臣（現代の首相）に進み、天皇外祖父の地位を得てその権威は朝廷内で並ぶ者がいない状態になった。

龍粛著『西園寺家の興隆とその財力』によると、公経の権勢を示すのはその驕奢な生活ぶりで、一夜の宴に海内の財力が尽くされたという。洛北に営まれた西園寺と呼ばれる北山の別邸（室町時代、ここに金閣寺が建てられた）は、世に豪華の極地といわれた藤原道長の法成寺に勝るとも劣らないと評判になった。豪壮な別邸は北山ばかりでなく、天王寺・吹田・槇の嶋と構築され、吹田の水郷にある別邸は船で出入りする別天地で、はるばる有馬の温泉から毎日二〇〇の桶で出湯を運んだと伝えられている。

又、公経は多芸多才で、和歌・琵琶・書にも秀でていた。歌人としては「石清水若宮歌合」（正治二年）「千五百番歌合」（建仁二年）、新三六歌仙、小倉百人一首に彼の歌が選ばれている。

鎌倉時代以前は、島の周りには堤防もなく農耕に適した地ではなかったと思われ、ここに村落が形成され始めてまもなく春日神社が勧請されたとすれば、歌人で有り余る財力を持った公経またはその一族が、ふじの自生する野田の地に和歌御祈願所である春日神社を勧請したという想像はあながち的はずれではないだろう。

また、『藤伝記第四』には、公経の弟の前中納言西園寺公脩の次の和歌が残されている。

咲きましる花かとも見ん松か枝に十かえりか丶る池の藤浪

この和歌は渡辺武氏の調査によると、小倉実教《さねのり》（一二六四〜一三四九）が編纂した『藤葉和歌集』巻第一・春歌に所収されている。

百人一首の選者藤原定家は、公経の姉婿即ち義兄に当たる。次の定家の歌も「藤伝記」に伝えられ、和歌御祈願所勧請に定家も関わっていたのではないかと想像も広がっていく。

散りぬればまたこん春は咲きむぬへし花の名にあふ玉川のふじ

この春日明神は、江戸時代には「藤之宮」と愛称された華やかな時期もあったが、現在は春日神社と呼ばれ大阪市福島区玉川二丁目二—七にあり、天兒屋根命《あめのこやねのみこと》、天照大神、宇賀魂神が祀られている。天兒屋根命は、中臣鎌足《なかとみのかまたり》の祖神と言われており藤原氏の氏神である。天照大神は日本神話における太陽神である。宇賀魂神は、須佐之男命《すさのおのみこと》と神大市比売命《かみおおいちのひめのみこと》との間の子で穀物の神である。末社には「白藤社」と「影藤社」がある。毎年、四月二九日に春の例祭が行われている。

なお、『大阪地誌事跡辞典』には、春日神社がここに勧請された背景とのだふじの起源について次のような考え方が示されている。

古くから野田は春日信仰の盛んな地であった。春日信仰は奈良春日神社の祭神、春日大明神（藤原氏の氏神、祖神の四座）に対する信仰であるが、奈良春日神社の実権を握った興福寺の積極的な流布によって春日詣でが盛んになり、各地からの春日神社勧請も多くなり春日講が増えていった。これは平安末期から鎌倉にかけての流行であるから、おそらく野田の春日神社もその頃勧請されて、藤原氏にちなんで藤を植えたところが地質があって繁茂した。

春日神社は奈良春日神社の分社であるとの言い伝えもあり、奈良の春日神社から勧請された可能性はあるが、ふじの由来については鎌倉～室町時代にかけて詠まれた和歌に描かれた野田の情景や『藤伝記』の記述から見て「ふじが人の手によって植えられた」とは考え難い。

都人《みやこびと》と野田のふじ

始めに引用した「難波かた野田の細江を……」の和歌は『大阪府全史』には西園寺公経の詠み歌とされており、本書はこれに従った。しかし、『藤伝記』や『摂津名所図会大成』では、西園寺公広の歌とされている。公広は京都から伊予宇和に下向土着した伊予西園寺家最後の当主で、戦国時代に宇和松葉城を本城としていた。公広は陸からは土佐の長宗我部氏に、海からは大友氏に攻められながら西園寺の家名を守っていたので、この歌を詠むゆとりは全くなかった。

さらに公広の時代には、ふじは戦乱によって衰え、野田の細江に沿って砦も築かれておりこの様な野田の原風景は過去のものとなっていた。公経と公広の誤りの原因はよくわからない。

ふじの花は野田玉川のみでなく、あちこちの山野にあまた咲いているにもかかわらず、なぜ野田のふじが都人に知られるようになったのだろうか。

古来より野田付近は湿地帯で人の住める土地が限られ、その分、野生のふじがノビノビと育つことのできる広い土地があり、水と太陽が豊かで温順な気候に恵まれ、見渡す限りふじが群生していたこと。交通の要衝で都人が住吉詣や熊野詣の往還に立ち寄る渡辺津に近く、ここから野田まで少し船をまわし入り江に入ると、船上からも春にはふじの花が咲き乱れているのを間近に見ることができたことなどである。

特に、公経は吹田に荘園と広大な別邸を持っており、そこから淀川を船で下ると野田は近く、西園寺一族にとって野田のふじは、身近な存在であったのであろう。

地質学的な野田の成り立ち、鎌倉時代には島の周りに堤防が築かれ、農業が可能となり人が定住できるようになるなどの一般的な社会の変化、残された和歌と伝承を総合すると、のだふじの起源は公経が活躍していた鎌倉時代初期、即ち一三世紀初めにさかのぼると思われる。今後、新しい史料が見つかり、のだふじ発祥の状況がより確かになることを期待する。

第二章　難波浦に浮かぶみやびの里

時代は南北朝時代半ば頃、足利尊氏《たかうじ》の第三子、義詮《よしあきら》が室町幕府二代将軍に就いていた。南北朝の争乱は、足利幕府がおす北朝方の優位は明らかであったが、南朝方も吉野の賀名生《あのう》から行宮を住吉に移し北朝と対立していた。遠く関東では後醍醐天皇の子宗良親王が南朝方として各地を転戦していた。この様な状況下にあっても、南北朝の両雄は難波の浦に浮かぶ、みやびの里に咲くふじの和歌を詠んだ。

義詮の難波浦遊覧

貞治三年（一三六四）春、室町幕府二代将軍足利義詮は、住吉詣の途中野田に立ち寄り、ふじを見物し和歌を春日神社に奉納したと伝えられる。この住吉詣は、義詮三四歳の時、将軍職就任後六年目に行われた。少し寄り道になるが、『義詮難波紀行』によって義詮の船旅の跡をたどり、六百余年前の淀から野田に至る淀川沿いののどかな風景を見てみよう。

頃は卯月（四月）の初めであった。淀から乗船し、こちらの川面、あちらの山々を眺めながら淀川を下って行った。散り残った岸辺の山吹に春の名残が偲ばれる。垣根に雪が残っているのかと思われるほどに、卯の花が咲き山ほととぎすが訪れたりしていた。八幡山はどの峰なのかと見回しながら次の歌を詠んだ。

石清水たえぬながれをくみてしるふかき恵みぞ代々にかはらぬ

さらに下って江口の里ではしばし船をとどめ、あちらこちらを詠み歩いていると日が暮れてしまったので、西行法師の有名な故事を思いだした。住吉詣の途中、西行法師はこの地で雨にあい雨宿りをしようとしたが、遊女は僧形の姿を見て宿を貸さなかった。そこで「世の中をいとふまでこそかたからめ仮の宿りを惜しむ君かな」と詠んで立ち去ろうとした。遊女は「世をいとふ人としきけば仮の宿に心とむなと思うばかりぞ」と即興の返歌を詠んだ。

二人はこれが縁となって一夜を語り明かしたという。これにちなんで義詮が詠んだ歌は、

おしみしもおしまぬ人もとどまらぬかりの宿りに一夜ねましを

夜が明けて長柄に着くと、昔はここに橋があって人が行きかっていたが、今は僅かに古い杭だけが残っている様子を見て、

くちはてし長柄の橋のながらへてけふにあひぬる年ぞふりにける

当時の人は、朽ち果てた長柄の橋杭という言葉から、時の経過や朽ち果てた物の哀れを思い浮かべた。

文和元年（一三五二）から二年半の間に、京都を三回も南朝方に奪われ、淀川・三国川を挟んでの一進一退の戦いの末、ようやく文和四年、それまで八幡の男山に陣していた南朝方を天王寺に退かせたこと、延文四年（一三五九）義詮自ら摂津を訪れ尼崎に駐留した時のこと、幾多の合戦で戦死した多くの兵士のことが、義詮の胸中によぎったかもしれない。

ようやく難波の浦についた。

このあたりは初めて見る風景で聞いていたよりも見る方がはるかに素晴らしく、吹き寄せる波にかもめが水と戯れる様子が面白く感じられた。ここは、渡辺津と呼ばれていた所で現在の天満付近と思われるが、当時はここが海岸だったことがよくわかる。

ついで、三津の浦から船に乗り田簑島に上陸した。ここでは海士《あま》の釣り船が岸にこぎ寄せて休んでいた。釣りをした後の濡れた衣を木の枝にかけてあるのを見て、

　雨降れどふらねどかはくひまぞなきたみののしまのあまのぬれぎぬ

それより南に野田の玉川と言うところがあり、この川のほとりにふじの花が咲き乱れていた。そこで「紫の雲をやといはむ……」で始まる和歌を読んだ。ここから天王寺に立ち寄り、聖徳太子四天王を納めた石の鳥居や亀井の水などを心静かに詠んだ後、住吉に詣で、ここで一夜を明かし都に帰った。

義詮は幼少の頃から戦乱の中にあった。

元弘元年（一三三一）、後醍醐天皇による元弘の変が勃発した。天皇は一度は捕らえられ隠岐に配

義詮の春日神社参拝（『藤伝記絵巻－第一巻』より）

流されたが、元弘三年隠岐を脱出し船上山で倒幕の軍を挙げると、父尊氏は北条高時の命を受けて出陣する。この時、四歳の千寿王、後の義詮は鎌倉に人質として残されてしまった。

尊氏は朝廷方を攻めると見せかけ兵を整え矛先を転じて六波羅を攻撃する。尊氏謀反の知らせを受ける直前に千寿王は鎌倉を脱出、新田義貞の軍に合流できたので危うく一命をとりとめた。わずか四歳に過ぎない千寿王に象徴される足利氏を慕う関東武者は多く、二七万に膨れ上がった新田・足利連合軍は、北条高時を鎌倉で討ち取った。その後、千寿王は推されて鎌倉の守りにつく。

延文三年（一三五八）二八歳で北朝から征夷大将軍に任ぜられ、室町幕府二代将軍に就任する。

康安元年（一三六一）義詮の執事細川清氏が南朝に走り、清氏・楠木正儀らが京に攻め込むと、義詮は後光厳上皇を奉じて近江へ逃れたが、すぐさま南朝軍を追い京都を奪還する。細川頼之に清氏を討たせ、南朝に属していた山名時氏らと和睦するにおよび室町幕府の体制が整い始める。頼之を将軍執事に任命し、一〇歳の義満の補佐役とした上で義満に将軍職を譲った。

他界するのは貞治六年（一三六七）享年わずか三八歳であった。その後、義詮によって基礎を固められた室町幕府は義満に受け継がれ、「花の御所」と呼ばれる室町幕府の最盛期が訪れる。

『藤伝記第一〇』には、義詮のふじ遊覧を次のように記している。

貞治三年辰四月、足利義詮将軍津の国難波の浦を御覧ぜんとて、淀より御船に召れ、所々御覧、川伝い来らせ給ひ、折しも藤の花盛り御遊覧ましまし、春日明神へ御社参り、難波江流れのすえ、池の形を玉川となぞらへ給ひし藤の御詠歌奉納し給ひ、それより住吉へ詣で給う。このこと義詮難波記住吉詣の書に明白なり。この難波記の書写し有り。

その御歌に

いにしへのゆかりを今も紫のふしなみかゝる野田の玉川

この付近が明治三〇年大阪市に編入された時、この歌にちなんで、玉川と命名された。

『福島区史』によると、この歌の伏線としては次のような故事がある。

義詮が江口の里で西行法師の遊女との故事を思いだしたと同様、西行より一世紀以前の歌人、摂津古曽部の能因法師が遠く奥州へ歌心の旅に出た時、陸奥塩釜の「野田の玉川」（現塩釜市袖野田町）で詠んだ「夕去れば汐風こしてみちのくの野田の玉川千鳥鳴くなり」は、『新古今和歌集』

春日神社境内に大阪市が建てた
石碑に刻まれた義詮の詠み歌

の能因歌枕として有名な古歌であった。塩釜の「野田の玉川」清流をふと頭に浮かべこの地、春日神社の池を玉川と見立てて詠んだという。

義詮にとって、会心の作で最も気に入り春日神社に奉納したと思われる。当時は、一番うまく詠めた和歌を、寺社に奉納する習慣があったという。一方、前出の「紫の雲を……」の歌は『難波紀行』に書き残したが、この歌は武人の詠んだ歌らしくいかにも雄大であり、春日神社境内に大阪市が建てた石碑に刻まれている。

義詮の遊覧によって野田のふじは一躍世に知られるところとなり、のちの秀吉、大坂城代や大坂町奉行がふじを巡見するに際しては、いつも義詮の難波紀行の情景を脳裏に浮かべていたに違いない。江戸時代までは義詮の頃の玉川の名残をとどめていた。

南北朝の争乱と野田福島

義詮が、難波紀行を行った貞治三年は、既に南朝方の有力武将、楠正成《まさしげ》・正行《まさつら》父子はそれぞれ湊川の合戦（建武三年＝一三三六）、四条畷の合戦（貞和四年＝一三四八）で敗死し、南朝方は吉野の奥、賀《あ》名生《のう》に追いやられ、南朝という政権の実態はなくなっていた。

しかし、足利尊氏とその弟直義《ただよし》の内紛が勃発した。兄尊氏に謀反し鎌倉に幕府を開こうとした直義を東下して追討するため、正平六年（観応二年＝一三五一）尊氏は南朝方に和議を申し入れる。正平一統と言われる、かりそめの和議であった。この和議は僅か数カ月で破られ、摂津西成、東成、住吉の摂津南三郡は激しい戦火にさらされることになった。楠正成の三男、楠正儀《まさのり》は、畿内の荘園郷村の一揆の支持の上に、山城の国男山（八幡市八幡）に拠って幕府軍とよく戦った。

正平七年・八年・一〇年の三回にわたり、北畠顕能《あきよし》・楠正儀の南朝軍は京都を奪い、その都度、尊氏・義詮は天皇を奉じて近江へ退いている。その後、幕府軍はすぐに京都を奪回したとはいえ、南朝の力は侮りがたいものがあった。

幕府方が京都から南朝の本拠地である吉野・賀名生や南河内に到達するには、幕府勢力の地盤である淀川の北側から、淀川を渡り摂津南三郡をへて進入するのが最もたやすかった。このため、摂津南三郡が度々南北朝両軍の戦場になったのである。『新修大阪市史』によると、一進一退の戦を繰返すうち、正平一五年（一三六〇）から二〇年まで五年間、後村上・長慶《ちょうけい》両天皇は住吉に進出しここに行宮をおいた。義詮の住吉詣は、まさにこのような状況下で行われたことになる。南朝が神器を北朝に返還し南北朝時代の幕が閉じるのは、義詮のふじ遊覧から三〇年後、明徳三年（一三九二）のことである。

義詮の住吉詣の五年後から、戦国時代末期に至るまで野田福島は足かけ二五〇年に及ぶ戦乱の時代を迎える。

正儀は楠軍を統帥して幕府軍と摂津南三郡を舞台に転戦した。中津川（現在の淀川）三国川（現在の安威川〜神崎川）渡辺橋（現在の天満・天神橋付近）堂島川が主要な戦場だった。正儀は、果敢に戦う一方、現実的平和主義の一面も持ち合せ、南北朝の合体に腐心していた。正平二三年（一三六八）後村上天皇が没したとき、対幕府強硬派の長慶天皇が即位するにおよび、南朝内で孤立した正儀は密かに幕府管領細川頼之を通じ降伏を申し入れる。

幕府でも足利義詮が没し、跡を継いだ義満は未だ幼少で、政務はすべて頼之《よりゆき》が取り仕切っていた。幕府は正儀の帰順を許しこれを高く評価し、正儀がそれまで保持していた河内・和泉二カ国の国主に加え、河泉二カ国の守護を兼務させるという破格の待遇を与えた。

このため河内に残った和田・橋本氏ら縁者が納まらず、応安二年（一三六九）三月正儀軍を撃破して生玉・渡辺・天王寺まで攻め入った。正儀は次々に陣を失い摂津榎並城（城東区野江）に逃げ込んでしまう。正儀を救援した幕府側の北軍は、深野《ふけの》池《いけ》・淀川の線で陣を敷き、現在の安治川以南を占拠する南朝軍と対峙する体制を整えた。この膠着状態は応安四年まで足かけ三年間続くことになった。

両三年の間、現在の堂島川を挟んで対峙した軍勢の駐屯を強いられた村民は、度々兵糧米を調達させられ田畑を軍馬に踏みにじられたものと思われる。応安四年六月下旬、幕府の南征軍は三手に分かれ、上流は放出《はなてん》渡・中流は釜野渡・下流は渡辺渡から大和川・淀川を渡河し天王寺に達した。

同年八月、南朝方の四条・和田連合軍に榎並城は再び攻められたが、幕府の細川・赤松軍は一一月淀川を超え、幕府方の瓜破城（現在の平野区瓜破東）を攻める南朝方の湯浅一族と激しく戦った。

この合戦は南北朝時代大阪市域を舞台にする最後の合戦で、これに大敗した南朝方は、その後、摂津南三郡に支配権を持つことは無くなり、野田村に再び平和が訪れた（『新修大阪市史』）。この平和は応仁の乱勃発までおよそ一〇〇年間続く。

のだふじと流転の皇子

いかはかりふかき江なれハ難波潟松のミ藤の浪をかくらん

この和歌は『藤伝記』では詠み人知らずの歌として記載されているが、渡辺武氏の調査によると、後醍醐天皇の第五皇子宗良《むねよし》親王（一三一一～一三八五？）の詠み歌である。

宗良は母が二条為世《ためよ》の娘為子であったので、幼時から母の実家の二条家に出入りし、二条流の和歌に親しみ早くから歌人としての才能をあらわし、南北朝時代第一流の歌人と称された。歌集に『詠千首和歌』『李花集』、撰集に『新葉和歌集』がある。

歌人として現代に名を残す一方、南朝方の勇猛な武将でもあり、越後・越中・信濃など各地に転戦し、のちに征東将軍となる。

後醍醐天皇は、叡山の兵力と結ぶため宗良を延暦寺の天台座主とした。元弘の乱が勃発すると、父天皇と共に笠置に拠ったが捕らえられ讃岐に流され、のち後醍醐天皇の帰京と共に京に戻った。

尊氏が建武政権に離反すると還俗して宗良と名乗り、各地で足利幕府軍と戦った。南朝方は、護良《もりよし》親王、北畠顕家《かねいえ》、新田義貞《よしさだ》らを相次いで失う中、再起をかけて大船団で伊勢を船出したが、暴風にあい遠江に漂着する。以後、南朝勢力挽回のため遠江国井伊谷、越後国寺泊、信濃国大河原などを転戦する。

天授三年（一三七七）信濃から吉野行宮に帰った頃、『詠千首和歌』を詠みその中の春歌二百選にこの和歌を選んだ。

宗良はかって公経が「野田の細江」と詠んだ難波潟の入り江に、小船を浮かべ船をすすめていった。入り江を行けども行けどもあたりは果てしなく松林が続く。それらの松の枝にはふじが絡まり、松が風に揺れるたびに白いふじの花が、あたかも海面に波頭が立っているように見える――。

長年、流転・転戦の末、とうとう東国に南朝の拠点を築くことができず、失意の内に吉野に帰ってきた頃に詠まれたにしては心静かな歌である。

この歌は吉野の内裏において詠まれた歌である。しかし、この歌をじっくり詠むと実際に難波江の野田の細江に船を浮かべて詠んだような印象を受ける。実は、宗良ははるばる吉野から野田に足を運んだのかもしれない。当時北朝の勢力圏であった野田村で、身分を隠してこの歌を詠み残していったのでは……と想像したくなる。

ほぼ同時代に詠まれた義詮の和歌が、華々しく伝えられているのとは対照的に、「詠人不知」とされているのは、何とも侘しいかぎりである。

この和歌は、その頃すでに野田の情景とふじは吉野の山奥まで知られ、歌枕として使われていたこと、楠正儀と和田・橋本連合軍との合戦後にも、それはまだ無事に残っていたことを教えてくれる。以後、野田のふじを詠んだ和歌は数々残されているが、最初に引用した公経、義詮と宗良のこの歌ほどに、咲き誇るふじを雄大な風景の中に取り込んで詠んだ歌は見られなくなる。

南北朝合体に続く華やかな室町時代は、応仁の乱と明応の政変によって終わり、世は戦国時代に突入していったためである。戦国時代には、野田村も激しい戦乱に巻き込まれた。次章に示す「二一人討死の伝承」がその一端を今に伝えている。

第三章　語り部が伝える「二一人討死の伝承」

「二一人討死の伝承」とは

時代は戦国時代中頃、第一二代将軍足利義晴は南近江の朽木に亡命中で幕府としての機能は停止していた。畿内で実権を握っていたのは、管領細川晴元で堺にあって足利義維《よしつな》を将軍跡目とし、阿波の土豪三好元長の強力な軍事力に支えられた政権により京都を支配していた。

この変則的な政権は、大永七年（一五二七）から享禄五年（一五三二）まで五年続き「堺幕府」と呼ばれる。摂津の国は守護代家長塩氏の下にあり（『大阪府史』）、西成郡守護は代々細川典厩《てんきゅう》家が継承し細川持賢から四代目の尹賢《ただかた》であった。

享禄五年六月、晴元は一向一揆の力を借り元長を倒したが、これをきっかけとして発生した「畿内天文の一揆」により畿内は、混乱の巷に陥っていた。

天文二年（一五三三）八月九日、浄土真宗本願寺一〇世證如《しょうにょ》上人は、少数の近衆を伴い野田を訪れた。

事前にこれを知った晴元の手の者（伝承では六角定頼）が、生い茂る野田の芦原に伏兵を大勢入れ待ち伏せ突然攻撃した。晴元の軍は證如上人を取り囲んだが、急を聞いて周辺の門徒五百人が、鋤鍬を手に救援に駆けつけた。

門徒を指揮して防戦したのは野田の郷士有田勘兵衛で、戦いの中心地は生涯橋のあった現在の玉川一丁目、大阪市立下福島中学校の東側付近であったと言われている（『福島区史』）。上人は門徒たちに守られ福島の浜から小船に乗り危機一髪で脱出した。この時、上人を守るため門徒は（あるいは晴元勢が）あたり一面手当たり次第に火を放った。

この合戦で勘兵衛を初め二一人が討死し、付近の家屋敷、春日神社と、その宝物は無論、ふじの木々もすべて焼けてしまった。

上人はこのことを、落ち延びる小舟の上で聞き野田惣中へ感状——後に「野田御書《ごしょ》」と呼ばれるようになる——を書いた。門徒衆は六字の名号も船中でいただき、木津川堤までお送りし、上人はそこから泉州へと落ちていった。細部は異なるがこの様な伝承が今回新たに見つかった語り部伝承のほかに、圓満寺、極楽寺、南徳寺縁起や『藤伝記』に残っている。

本願寺證如（光教、一五一六〜一五五五）は円如の子で、大永四年、わずか六歳で祖父である九世実如によって嗣法に指名された。一〇歳の時、父円如が入寂したため本願寺宗主となる。生害（死刑）、御勘気（破門）、後世御免（免罪）等の手段で、本願寺教団内部の統制を強化した。「仏敵との戦いで死ねば極楽往生できる」と説いたのは、代々の本願寺宗主の中で最初であり、野田御書はその中でも

藤境内に逃げ込む證如上人（『藤伝記絵巻－第二巻』より）

晴元の軍勢と戦う野田衆と火をかけられた藤屋敷
（『藤伝記絵巻－第二巻』より）

早い時期のものに相当する。天文五年から一九年間にわたり書き継がれた『天文日記』は、戦国期の本願寺教団史であると共に当時の政治・社会状況を伝える貴重な資料で、重要文化財に指定されている。

天文元年畿内天文の一揆を起こし晴元と激しく争うが、同四年末に和解した。皇室に対しては勅願寺として礼を厚くし、天文五年大僧都に任命され、同一四年には勅許により法印に叙せられた。同一八年には僧官として最高位の権僧正《ごんそうじょう》に任ぜられた。晴元のほか中国の大内氏、近江の浅井氏など諸大名とも友好関係を保った。大坂本願寺の基礎を築き三九歳という若さで入寂し、本願寺教団は一一世顕如（光佐）に引き継がれた。

なぜ突然晴元は、本願寺宗主を襲うという暴挙にでたのか。発端は、約二年前にさかのぼる。享禄四年（一五三一）晴元は、元長の強力な軍事力をかり「摂州の大物崩れ」と言われる合戦で仇敵細川高国を倒し、細川京兆家の家督争いに勝利し畿内における実権を掌握した。

しかし、政治力に欠ける元長を晴元は憎むようになり両者の間に亀裂が生じた。元長の強力な軍事力を恐れた晴元は畠山家の武将木澤長政と元長の叔父三好政長と計り元長打倒に動き出す。

この時、晴元は、当時本願寺派の総本山である山科本願寺にいた證如に来援を依頼する。證如が晴元の申し出を快諾した理由は、八世蓮如が晴元の外祖父に当たる政元に恩義を感じ、「聖徳太子の化身」と言っていたためである。戦国時代の本願寺は、聖徳太子によって外敵から守られていると信じられており、太子像は内陣右に安置されていたという。

こうして享禄五年六月五日夜、證如は急遽山科から後に大坂本願寺となる大坂御坊に入り、自ら檄を飛ばして畿内の門徒の決起を促した。

結集した門徒は二万とも三万とも言われている。一揆勢は高屋城の畠山義堯《よしたか》を破り、勝ちに乗じて一〇万人に膨れ上がり、六月二〇日、元長の陣取る堺南荘に総攻撃をかけた。元長は日蓮宗顕本寺に移り防戦するがついに自害し、元長に味方した足利義維《よしつな》は捕らえられ、ここに「堺幕府」は崩壊する。

ところが、ことはこのままで収まらなかった。当時最強の軍事集団であった元長を討ち取ったことで自信を得た一向衆の勢いは、止まるところを知らなかった。元長の死から二〇日後、突然一揆は大和に飛び火する。七月一七日、大和国南都へ乱入して興福寺を攻めこれを焼き、さらに僧兵が逃げ込んだ在地の豪族越智氏の高取城を攻撃した。

一揆勢は、当時、多くの興福寺荘園で占められていた大和の国を第二の加賀、即ち「一揆持ちの国」にしようとしたのである。

次いで天文と改元された同年八月五日、一向一揆は突如摂津池田城を包囲するにおよび、これらの一揆を本願寺證如が後ろから操っていると見た晴元は、管領代茨木長隆、河内守護代木澤長政、舅である近江の守護佐々木六角定頼などの武家勢力に加え、法華衆の力を借りて一向一揆殲滅に転ずる。

定頼（一四九五〜一五五二）は、六角高頼の二男である。初め相国寺慈照院に入ったが、兄氏綱の廃嫡により還俗し、蒲生郡観音寺城を拠点に守護として近江南半分を領していた。のち義晴が三好長《なが》慶《よし》に追われ朽木に逃げ込んだ時、定頼は義晴を助けて三好勢と戦いをくり返し、義晴没後はその子義輝を補佐し幕府にも大きな影響を与えた。また北方の浅井氏に対しては、大永五年（一五二五）小谷城を包囲して亮政を美濃に追い落とし、享禄四年、天文七年にも湖北で浅井軍を破っている。定頼は三好氏・浅井氏と両面に敵を抱えながら巧みにこれらを打ち破り、六角氏の名を天下に轟かせた。

同年八月二四日、晴元は定頼に当時浄土真宗の総本山であった、山科本願寺を焼き討ちさせる。この時、本願寺八世蓮如以来営々と築かれた、「荘厳仏国の如し」と言われた浄土真宗の総本山山科本願寺は一宇も残さず焼き払われてしまった。

證如は大坂御坊にいて難は逃れたものの、僧尼の多数が討たれ財宝もほとんど失われた。宗祖親鸞《しんらん》聖人の像は順興寺実従によって運び出され、山科の勧修《かしゅう》寺、上醍醐の報恩院、さらに山城国宇治田原に移され、翌年七月二五日にようやく大坂御坊に運び込まれた。この時をもって、大坂御坊は名実共に本願寺総本山になる（『新修大阪市史』）。

以上が、歴史の伝えるところである。

語り部が伝える「二一人討死の伝承」

本伝承は地元では「本願寺騒動」とも呼ばれ、江戸時代から昭和の初めまで語り部によって語り継がれてきた。最後の語り部は、水木という人であった。本願寺宗主を助けた門徒の一人、久左衛門の子孫である福島区玉川在住の吉沢千代子さんが、長い間大切に保存していたものである。

野田の嵐二一人戦死の巻

浪花津の名所彩る藤の花　野田の玉川清けれど　一ト夜嵐に大坂の　花散り水や濁るらむ

抑々《そもそも》證如上人とは円如上人の御長子にて　永正一三年霜月二〇日御誕生

御父円如上人は　大永元年葉月に御入寂遊ばされ　其の後證如上人は御年僅か一〇歳にして　御伝灯の式を遊ばされ　享禄元年卯月二日　前《さき》の関白太政大臣九条尚経《なおつね》卿の猶子《ゆうし》となり　尊鎮法親王の御弟子に入り給いしが

茲《ここ》に宗門宗徒の争い起こり　享禄四年菊月中の頃加賀越前の宗徒は　前《さきの》上人が定め置かれし法利に背き一揆を起し　国主富樫《とかし》高安を撃たんとして　容易ならざる有様なれば

顕証寺外四ケ寺の住職は　其の行いの正しからざるをねんごろに説き廻れども　宗徒らはこれを肯《がえん》ぜず

既に加越両国に入れければ　本宗寺の兼証師をはじめ　下間頼宣《しもつまよりのぶ》の人々等は急ぎ北国に走せ参じ

門末の僧徒を鎮撫なし　事穏便に計らんと務めしうち

富樫の軍勢其の隙に乗じ　犇々《ひしひし》と押し寄せければ門徒益々怒を激し　其の軍勢に向かひければ

松岡寺兼玄下間頼宣は　国守を説きて和睦を勧めしが　双方共に之を肯ぜず　和睦の望み絶えけ

れば　遂に頼宣と兼玄は霜月初め一〇日の夜　腹差し違え相はてたり
斯くて二人の死を聞きて下間頼盛大いに怒り　数多の門徒を引率して　国守の勢力に打ち当たり
終に富樫の軍を亡ぼして　加賀越前を平定し都を指して引き挙げたり

茲《ここ》に天文元年葉月二四日　江州観音寺の城主六角定頼と云う者　日蓮宗と相結び三千余人を卒き
連れて　山科御坊を攻め囲い火を放ちてぞ乱入せり　遂に天文元年八月二四日　敵は山科本廟を
焼き亡ぼしたり

この時證如上人は御年僅か一七歳にして　近時侍の者を従へられ　石山本願寺へ落ち延び給ひぬ
明ければ天文二年七月末つ方　敵は四天王寺を本陣として　石山本願寺を攻め囲みたり
噫《ああ》痛はしの御事かな　ここに證如上人は唯一人　東雲《しののめ》の空まだ明けやらぬ　葉月九日の朝まだき
堅き囲みを抜け出でて　浪花の端や野田の里　藤の名のある玉川の　片辺《かたほとり》へ身を隠せしが　早く
も敵はそれと知り　潮の如く攻め寄せたり

茲《ここ》に野田福島の信徒より　二一人の決死隊出で来たり　群れ来る敵を物ともせず　ここを最後と
斬り込んで　熊手掻縄十文字孜々《しし》奮迅と戦ひければ　其の勢力や勝りけん
遉《さす》がの敵も勢ひ乱れ暫し受け身となりければ　この一人の大丈夫《ますらお》は時は来れり今なりと　後振り
返り大声揚げ　アイヤそれなる藤三郎左衛門よ　上人の御身こそ大事なれ　我らはここを食い止

めければ　早々ここを落ち延びあれ　と云ひ残してぞ進みけり
斯くして三郎左衛門は　念仏久左衛門も力を合はし　上人を肩に参らせて　茂れる芦をかき分けて　小船に乗りて落ち延びけり
偖《さて》も二一人は亦押し寄する敵勢に　今は咽喉《のど》かれ力尽き生涯橋まで退きけり　ここに二一人は衆寡敵せず枕を連ね　腹掻き切って相はてたり

小船で落ちていき、木津川堤へ着いた證如上人
(『藤伝記絵巻－第二巻』より)

実《げ》に勇ましき有様かな　乳に泣く小児《こ》や年老ひし
老爺老母も振り捨てて　法の道にと相はてし　其
の魂の光りこそいく永遠《とこしえ》に輝きて
藤は枯れても玉川の　水涸れ尽きて果つるとも
曇る日とてはなきにけり　この清らかな生霊を
永々この世に残さんと　音色も清き四つの緒を
語り伝ふぞ有難けれ　語り伝ふぞ有難けれ

「語り部伝承」の前半部分は、證如の生い立ち、関白左大臣従一位の九条尚経の猶子となることにより貴族としての地位を得たこと、ついで大一揆・小一揆又は享禄《きょうろく》の錯乱と呼ばれる加賀の国における争乱につ

いて語っている。これらの部分は「語り部伝承」にあって、各寺の縁起や『藤伝記』など、地元に伝わる類似の伝承には残っていない。

加賀の争乱は、享禄元年（一五二八）、管領細川高国が失脚した隙をついて、本願寺の坊官である下間頼秀《しもつまよりひで》が越中にある細川領を侵犯したことに始まる。これに藤島超勝寺実顕《じっけん》と和田本覚寺門徒たちが加わり、細川領だけでなく越中の神保・椎名領へも侵入した。

九世実如は大永二年に、「諸国の武士を敵にせず、門徒や所領の獲得に走らず、王法を先とし仏法を表に隠すよう」との「三カ条の掟」を守るよう加賀門徒に通達していた。

若松本泉寺蓮悟を盟主とする加賀三カ寺は、この掟を守るべく加賀の門徒に要求して超勝寺実顕らと激しい論争をした。加賀三カ寺が掟にこだわった理由は、三カ寺は加賀門徒の上に君臨する事実上の支配者で、その地位を守りたかったからである。こうした加賀三カ寺を、加賀の守護富樫氏は支持した。

享禄四年正月、諸国を流浪していた高国は、浦上村宗の支援を得て畿内に攻め上って来た。これを見た加賀三カ寺は掟を盾にとり、超勝寺と本覚寺を攻め立て白山山麓に追い込んだ。

ところが高国は前出の摂州の大物崩れで、晴元の部下の三好元長と戦うが、味方の裏切りにあってあっけなく大敗し尼崎で自害してしまう。

一方、山科本願寺にあっては證如の大叔父に当たる蓮淳《れんじゅん》・蓮悟《れんご》・蓮慶・顕誓と叔父の実円の五人に加えて證如の生母である慶寿院鎮永が宗主を後見していた。その中でも最年長の蓮淳は鎮永の父親でもあり本願寺教団の重鎮となった。

蓮淳の本寺は近江国大津の近松顕証寺にあったが、その長女妙勝は加賀三カ寺の一つ光教寺蓮聖の子の勝興寺実玄に、次女杉向は越前の超勝寺実顕にそれぞれ嫁していた。

こうして幼主證如を補佐する蓮淳・鎮永父娘体制に、近江顕証寺・加賀勝興寺・越前超勝寺が結びつき本願寺教団中枢部を掌握した。

それは加賀の本願寺教団と一向一揆に対して絶大の権力を振るっていた、若松本泉寺蓮悟・松岡寺蓮綱《れんこう》・光教寺蓮聖の加賀三カ寺との間に権力闘争を招く結果となった。

幼主證如を補佐する蓮淳は高国没落の機会にすかさず晴元側に味方し、五月に下間頼秀・頼盛兄弟に軍勢をつけ高国側についた加賀三カ寺討伐に向かわせた。前者は大一揆、後者は小一揆と呼ばれる。

この争乱に大一揆側、即ち本願寺側は勝利をおさめ、小一揆側は多くの死傷者を出し敗北し、加賀の一向一揆体制は崩壊する。以後、加賀一国は本願寺の直轄支配の下に置かれる、即ち本願寺證如が加賀の守護に相当する権力を握ったのである。

大一揆・小一揆は敵味方関係が複雑なので、簡単にまとめた。

大一揆側（勝）

近松顕証寺蓮淳（本山にあって大一揆側を総指揮）

下間頼秀・頼盛兄弟（畿内および三河・美濃等の門徒を引き連れ加賀三カ寺討伐に向かう）

超勝寺実顕・和田本覚寺（越中領を侵犯するなど領土拡大策を取る。一時、小一揆に追われ白山山麓に逃れるが、下間兄弟の来援を得て小一揆に勝利する）

小一揆側（負）

若松本泉寺蓮悟（小一揆側の盟主・保守派・敗戦後能登へ亡命、後、毒殺されたという）

松岡寺蓮綱（大一揆側につかまり後、蓮綱夫妻は老齢で死亡）

下間頼宣・頼康・頼継・松岡寺蓮慶・実慶・慶助（自害）

山田光教寺蓮聖（最後まで戦ったがついに越前に逃れ、朝倉氏の庇護下にはいる）

富樫稙泰《たねやす》（加賀守護・敗戦後領外へ逃亡。なお口碑中の富樫高安は誤りで稙泰が正しい）

読者もお気づきのように、語り部伝承には以下のような誤りがある。

①近松顕証寺は大一揆側である。

②山科本願寺焼き討ちの際、證如は大坂御坊にあって山科にはいなかった。

これらの誤りがあるとしても、本伝承の価値は大一揆・小一揆が「二一人討死の伝承」の伏線となっていると、当時の人が考えていたことを示唆していることにある。

『藤伝記第一一〜一二』にはこの出来事が、次のように記されている。

天文二年巳八月九日、本願寺第一〇世證如上人にたいし近江国六角弾正定頼、不意に上人へ敵対し野田へ落ち来たらせ、藤境内へ逃げ込み給い。定頼追っかけきたり、村中掛け集まり早や藤境内へ火をかけ、ようやく上人は忍ばせ福島の浜より小船に乗せ、木津川さして落ちさせ給う。あ

焼け落ちた社殿を再興する村人（『藤伝記絵巻－第二巻』より）

とは村中切りむすび敵を退かせたが、手傷の者数限りなく二一人が落命した。

後に上人はこれを、落延びる小舟の上でお聞きになり、いたわしく思し召され小船の内で、野田惣中へ御書を御書きになった。なお藤主は六字の名号も船中にて頂戴した。木津川堤へは泉州の門徒がはせ参じ上人は、そこから紀州鷺の森へと無事落延びられた。これを見届けて野田門徒と藤主も御暇をいただき帰ってきた。

よって藤境内灰塵と成り、嘆かわしきもいやましに、藤の宝蔵焼失、数々の宝物失いし其中に三里四方へ鳴り聞えし陣太鼓、大身の御方より御墨付印、もろ共に焼失。此事藤家に申し伝わるのみながら、世の人代々に知る所、即ち、前文騒動の事、本願寺記にも記し討死の御書とて村内に伝わる。なお六字の名号藤家代々に伝はり、世の人知る所ここに記すと云々。


上人が落ち延びる小船の上で書いたという消息は「野田御《ご》書《しょ》」と呼ばれており、語り部伝承に登上する三郎左衛門の子孫が守って来た春日神社に代々伝わる。

野田惣中へ　證如

今日の合せん《合戦》に廿一人、うち死《討死》にのよし《由》いたはしさ《痛わしさ》せひ《是非》におよはす候、しかれとも《然れども》しやう人《聖人》の御方《味方》を申されたのもしく《頼もしく》ありかたく候。うちしに《討死》のかた《方》々はこくらく《極楽》のわうしやう《往生》とけられ候はんする事うたかひ《疑い》なく《無く》候いよいよちさう《馳走》たのみ入り候、此よしうちしに《討死》のあと《跡》へもつたへ《伝え》られたく候、あなかしこ　あなかしこ

八月九日　證如判　野田惣中へ

「しやう人」とは親鸞聖人、「御方」とは味方、ちそうとは「奔走」「尽力」の意味、「あと（跡）」とは、討ち死にした門徒の子孫のことである。

また、「討ち死にすると極楽往生できる」との一文には違和感を感じるが、討死の結果として極楽往生できるのではなく、出陣は通常の宗教行事以外の臨時的な番役勤仕であり、役勤仕自体は親鸞聖人に対する報恩感謝のための報恩行である、と解釈すべきである（『古文書の語る日本史5「戦国織豊」』）。しかし、この言葉によってその後多くの一向衆を死を恐れない戦いに駆り立て、約四〇年後に勃発する織田信長との大坂本願寺合戦や伊勢の長島一揆の悲劇へとつながっていく。

今に生きる語り部伝承

二一人の決死隊を率いて戦い、討ち死にした有田勘兵衛の次男、和三郎は発心して、證如上人の弟

子となり法名を圓澄と称した。天文三年八月一三日に戦死者二一人の一周忌を勧修するに当たり一宇の坊舎を建てたのが、野田新家にあった南徳寺となった。住職は代々世襲で戦前には、圓澄より数えて一二代目に至った。歴代住職中、義《ぎ》歎《たん》は諱《いみな》を龍潭《りゅうたん》と呼び学徳に富んでいた。明治一六年一〇月三〇日に入寂した。

『福島区史』によると、ここにも原本と思われる野田御書が伝わっていたが、防空壕に避難した阿弥陀如来像の本尊以外、戦災によりすべて焼失した。その後同寺は大阪府茨木市に移り、真宗大谷派南徳寺として今も有田家が守っている。

上人を小船に乗せ落ち延びさせた三郎左衛門は、その後出家して真庵と号した。有力な在家信者で、天文八～一〇年頃證如上人から「方便法身尊形」の阿弥陀如来像を下賜され今に伝わる。

金龍静氏によると、この阿弥陀如来像の衣の田相部は石畳紋、袖下は鋸歯紋になっており、特に鋸歯紋は実如期から證如期にかけての特徴的な紋様でありそれ以降は見られないという。證如の裏書きもあり天文期の作品である。

三郎左衛門（真庵）は天正元年（一五七三）一一月一五日往生。享年六七歳。その子孫は近世に入ると代々宗左衛門を名乗り野田村の庄屋を勤め、近代を経て現在に至る（藤氏略系図）。

上人を肩に背負い敵の囲みをくぐり抜けた久左衛門は『円満寺の歴史』および圓満寺棘恵照住職発行の『野田藤と圓満寺文書』によると、上人の弟子となり教圓という法名を授けられた。その子孫は證如上人より念仏の家名をいただき、利右衛門―長左衛門―長右衛―米蔵―長次郎……と続き、現

居原山圓満寺

在、吉沢姓になっているが、千代子さんは一五代目である。

教圓は、天文三年一二月、討ち死にした二一人を弔うために野田村に一宇の坊舎を建立した。当時は「摂津の国西成郡中嶋野田村惣道場」と称していたが、現在の圓満寺と極楽寺の前身である。

圓満寺は福島区玉川四丁目四—二五にあり、「居原山圓満寺」と号し、西本願寺派に属す。寺号取得は宝暦四年（一七五四）である。天文三年一二月二五日に證如上人より拝受した方便法身の尊像（阿弥陀仏画像）をご本尊とし、二一人衆の跡目の者に「御頭講《おとうこう》」を頂き、毎年七月二八日に野田村門徒は本願寺に参詣して御斎の筆頭席に座するという栄を授けられている。

この講は現在も圓満寺御頭講として活動しており、毎年一月の西本願寺最大の行事、御正忌報恩講において、一万カ寺以上の本願寺派末寺の中にあって、わずか一五寺にのみ与えられた破格の栄誉なのである。

證如上人にとって、親鸞聖人以来の法燈を守り二一人が殉教したのは心の痛手であった。いつまでもこの事跡を相続してくれるようにとの思いが、今も生きている。現在、「野田村廿一人討死御消息披露法要」は、毎年、五月八日に行われている。

極楽寺は玉川四丁目三―七にあり清浄山と号し野田御坊極楽寺という。真宗大谷派に属し本尊は阿弥陀如来である。寺伝によれば、教如上人が討ち死にした二一人の門徒衆の菩提を手厚く弔うためその墓所の地に信仰の道場として建立されたと言われている。寺号は延宝二年（一六七四）に本山から許されている。本堂の手前右側に「二一人討死墓」がある。毎年四月八日・九日の両日に二一人の討死の人々を追善して盛大な法要が営まれ、俗に「ぶっちゃけ」という御飯が参詣者に供養される（『福島区史』）。

清浄山野田御坊極楽寺

野田御書の謎

「二一人討死の伝承」に残る合戦については、『大阪府全志』『第一西野田郷土史』など地域史には記載されているものの、当時の本願寺の記録である順興寺実従（先の山科本願寺焼き討ちに際し、親鸞聖人の祖像を運び出した僧侶で八代蓮如の末子）の日記『私心記』や一般の歴史書には書かれていない。この出来事は、謎に包まれている。しかし、この様な出来事が実際にあったであろうと思われる、次のような微証が認められる。

本願寺留守居が、圓満寺の由緒を奉行所に説明するに際し、

この道場が出来たのは、二六一年以前、天文二年巳八月、本山第一〇世證如合戦の節、野田村へ御出になり其節道場が焼失しました。翌午年に道場を取り繕いました。證如上人から頂いた掛物をもって、道場とした事は書物に御座います。また右の合戦の節、野田村門徒が二一人討死致しましたおもむきも證如居判の書面に示されています（春日神社文書―52『圓満寺口上覚』を現代文に書き換え）。

と申し立てており、江戸時代中頃、事件からおよそ二百数十年後であるが、野田において證如が危地に陥った合戦があったことを本願寺も認識していた。

野田村門徒と、本願寺の間で交わした手紙で、「摂津國西成郡野田村当村御門徒は、御本山直参にて」と野田門徒が切り出せば、本願寺の下間《しもつま》宮内卿法眼仲矩《なかかね》らの返書は、「野田村門徒の儀は往古より由緒格別に付き」と答えている（春日神社文書―51『圓満寺一件』）。

これらのやりとりから、本願寺では「往古より由緒格別」、野田門徒は「御本山直参にて」という言葉の中に、かって身命を賭して親鸞聖人以来の法燈を守った「二一人討死の伝承」の一件を、語っていることがうかがわれる。

証如の『天文日記』の天文五年七月二一日の記事に見られる、野田門徒への対応は、

中島衆八人がやってきた。此の内一人は野田の者である。この者には座敷をたて（恐らく自身で）応対した。其のほか七人の衆は、網所で上野（上野守下間頼慶か）に応対させた。

と、野田門徒衆を確かに直参門徒として別格に扱っている。

ただし、伝承には次のような疑問点がある。

御書には日付けはあるが、年号は書かれていない。

金龍静著『一向一揆論』によると、「野田御書」は花押の編年から判断して、天文元年のものであると指摘されている。また、天文二年六月二〇日に細川晴元と證如は和議を結んでおり、この休戦状態は翌年四月まで続いていたので、同年八月九日に襲われたとは考えにくい。さらに『私心記』の天文二年八月九日、すなわち「二一人討死の伝承」があったという日には何ら記事はない。当時、その著者実従は證如と共に大坂本願寺に居住しており、この様な事件があれば一筆触れてしかるべきである。

これらのことから、この出来事は天文元年であった可能性が高く、次節ではこの前提で「二一人討死の伝承」を見直してみる。

また、六角定頼に襲われたというが、定頼は南近江の守護大名であり、茨木・吹田・枚方・守口に強力な一向一揆勢力が守っている状況の中で大坂まで攻め込めなかったし、證如の身辺の動静を事前に把握し待ち伏せをすることは不可能であった。実際に手を下したのはおそらく晴元の代官、茨木長

隆の手の者であろう。

茨木長隆（生没年不明）は管領晴元の参謀的存在で管領代にあり、堺で元長攻撃に加わり元長亡き後、河内守護の木澤長政とともに晴元政権を軍事的に支えた。晴元が本願寺を味方に付けることに成功した陰には、本願寺坊官下間氏と親戚関係にあった長隆の口入《こうにゅう》があったと推定されている（『大阪府史』）。恐らくこれによって、長隆は晴元の絶大な信頼をかち得たことであろう。

その後畿内天文の一揆において、法華衆を扇動し一向衆と戦わせ、四年におよぶ一向衆・法華宗・武家勢力との血みどろの戦いの後、一向一揆を鎮圧すると一転して法華衆弾圧にまわった。長隆は管領代として長政の上にあり、畿内天文の一揆では晴元政権側の中心人物である。

後、元長の子長慶と管領代職を巡り対立し、天文十八年（一五四九）三好政長が長慶の弟である猛将十河一存《そごうかずまさ》に破れ摂津江口で敗死すると、長隆は行方不明となり歴史の舞台から姿を消す。晴元は将軍義輝を擁して近江の坂本に逃亡し、細川政元による明応の政変（明応二年＝一四九三）以来五六年間続いた、細川京兆家による管領職独占の専政体制が実質的に崩壊する。これは「二一人討死」の一件から二〇年後の出来事であり、本書では触れない。

野田御書も、理解しがたい部分がある。

天文元年から四年にかけて、證如の命により畿内で多くの一向一揆が発生し、合戦のたびに何百人と命が失われた。しかしこの種の感状が残された例はほかに見当たらないのである。様々な一向一揆に関わる感状が多数伝わるが、そのほとんどは偽文書や写しである。

感状がない理由は、役勤仕自体が親鸞聖人への報恩感謝のための「報謝行」であり、その結果討ち死にしたとするならば、それに対する謝辞は必要としないからなのである（『一向一揆論』）。

にもかかわらず、なぜこの時に限り、證如はこの感状を認《したた》めたのであろうか。この御書の意味するところを、『難波御堂別院史』など数々の著書を残している本願寺史研究家である、奥林亨《のぞむ》氏のご見解を伺ったところ次のように語られた。

證如上人がこの様な感状をほかの門徒衆に出した例は自分が知る限りない。この合戦は、当時の大規模な一向一揆に比べて歴史上の出来事としては小さい。しかし、上人はこの時、まさに危機一髪で野田門徒衆に救われた。本当に一命が危なかった。證如上人の命が奪われるということは、いわば浄土真宗存続の危機だったのである。この御書は親鸞聖人以来の浄土真宗の法燈を守った、野田門徒衆への感謝状なのである。

『一向一揆論』によると、この御書には写本が多く見つかっている。

龍谷大学図書館蔵の常州水戸城下馬喰《ばくろう》（城下の西馬口労《ばくろう》町）在住の野田玄貞《げんじょう》方、『本願寺由緒図鑑』の野田惣道場極楽寺安置の御書、『御味方各寺人別帳』では「（美濃）徳光村長源寺」、福井市諦聴寺《たいちょうじ》、『教如上人御伝略書』、大野市常興寺蔵『安心亀鑑御書集』、宇都宮市観専寺その他合計一一通の写本がある。これら写本はひらかなから漢字へ転換されていたり、転換箇所や転換割合も少しずつ異なっているという。

野田御書は圓満寺にもあることはすでに知られている。圓満寺と春日神社にそれぞれ原本が存在し、さらに戦災で焼失した南徳寺にもかつて原本が存在したようであり実に謎が多い。證如は野田衆に望まれるままに、複数の感状を書いた可能性が高い。

なお圓満寺所蔵の「野田御書」および「方便法身尊形」の阿弥陀如来像は、平成一六年に大阪市指定文化財になった。

管領代茨木長隆の暗躍

享禄から天文に年号が変わる一五三二年七～八月の畿内は、一向一揆の高揚が最高潮に達し、興奮のるつぼ状態であった。

大一揆・小一揆で大一揆側が欠所となった小一揆側の財産を根こそぎ奪い、領地拡大に成功したことは畿内の一向一揆勢に瞬く間に知れわたった。

本願寺宗主が飛ばした檄に鼓舞され、堺の元長を討ち取ったことで、一揆勢は自らの巨大な軍事力を自覚し士気は最高に盛り上がっていた。一向衆徒は各寺や道場毎に結集し、きっかけがあればただちに、出動できる体制にあった。

『古文書の語る日本史』と『私心記』から本願寺側の、『大阪府史』から晴元政権側の状況を検証し、「一二人討死」の合戦前後の畿内の状況を概観した。

享禄五年六月五日夜、證如は山科から大坂御坊に駆け付け一向一揆の総指揮をとり始めた。二〇日三好元長を堺で討ち取り堺幕府を崩壊させ、七月一七日奈良の一向衆が興福寺周辺に放火……以上については先に述べた。同月二九日天文と改元された。

八月二日長隆は、京の法華宗各寺院に次のような奉書を出状した（『大阪府史』）。

本願寺のこと、別儀なき旨申さるゝといえども、一揆など恣《ほしいまま》なる動き、造意歴然なり。しかる上は、諸宗滅亡この時たるべきか。所詮、当宗中この砌《みぎり》相催され、忠節をぬきんでらるればご快然たるべきの由候なり。よって執達件の如し

享禄五　八月二日　（茨木）長隆（花押）

念仏寺

（『開口神社文書』）

一向一揆の手を借り堺幕府を倒した晴元と長隆は、その矛先が権力階級に向けられるとそれをおさえるためには手段を選ぶことはできなかった。奉書の中で「諸宗滅亡この時たるべきか」という言葉は、切羽詰まった状況を物語っている。

この奉書の効果は絶大で、ただちに京都を中心とした法華宗がいっせいに立ち上がる。晴元側はその力を借り反撃に転じ、この日をもって本願寺と全面戦争に突入する。

四日、堺の真宗浅香道場が、木澤長政の手によって焼き討ちされた。このことを『私心記』は次のように記録している。「木澤打ち出で候。六郎（細川晴元）此の方に対し敵をなす」。

わずか二カ月前晴元の要請で、山科から救援に駆けつけたにもかかわらず裏切られ、證如は驚愕したことであろう。「敵をなす」の言葉に本願寺側の無念さが込められている。そしてこの日、本願寺側は和泉・河内・大和・摂津においていっせいに蜂起した。

五日、一揆勢は摂津池田城を包囲した。『私心記』は、「合戦。大坂衆明祐など打ち死に」と簡潔に伝えている。

八～九日、本願寺側は大和の一向一揆が敗北。河内の一揆も木澤勢に敗北。堺でも晴元勢に連戦連敗という惨状であった。

九日は、「南方に於いて合戦。東兵衛大夫など討ち死」。事件のあった日の事を実従はこの様に書いている。実従はこの頃山科におり、南方とは摂津国を意味しており、この記事は「二一人討死の伝承」の一件を指している可能性が高い。

一〇日「一揆ことごとく生涯（敗死）……所々の本願寺坊舎焼き払う」（『経厚法印日記』）。とうとう本願寺側は、壊滅状態に陥ったことをうかがわせる。

一九日、摂津の本願寺門徒が山崎まで進出し、京都東山一帯で法華宗と戦っている山科本願寺と連絡をはかろうとしたが失敗した。これらの合戦で連日、百人から三百人が討ち死にした。以下山科本願寺陥落までの経過は省略するが、二四日遂に山科本願寺が、六角定頼と法華宗の手に落ち全焼した。

本願寺勢は当時、守るべき重要拠点が総本山である山科本願寺と大坂御坊と二分されている上に、加賀の小一揆討伐に向かった本願寺の最強武士団下間《しもつま》頼秀・頼盛兄弟は、加賀で足止めを食っていた。このように本願寺は主力が三拠点に分散している状況下において、時の勢いで畿内各地でいっせい蜂起したことになる。

八月九日前後は、まさに連戦連敗で本願寺は絶望的な戦況にあった。證如は大坂御坊が危険にさらされたと感じ、密かに野田村に難を避け逃れて来たのであろうか。

しかし、證如の行動を長隆は事前に探知できたかもしれない。長隆と姻戚関係にある下間一族は大一揆・小一揆に際し、長子系は大一揆側に、第五子系は小一揆側に分かれて争っている（62頁の下間氏家系図）。

このような複雑な構図の中に「二一人討死の伝承」の真相が隠されていると、想像するのは無理であろうか。この場合、晴元側（実際に手を下したのは長隆の手勢であろうか）は待ち伏せの奇襲攻撃であり、野田衆の戦死者も二一人にとどまる比較的小規模な戦闘であったと思われる。

しかし、もし『私心記』の記述が本事件のことを指しているとすれば、「二一人討死の伝承」に描かれているよりはるかに大規模な、恐らく多数の法華宗も攻撃に加わった合戦があったことを彷彿させる。当時の本願寺を取り巻く状況に照らせば、この可能性の方が高いと思われる。

何らかの理由で戦場近くにいた證如が乱戦に巻き込まれ、側近の東兵衛大夫も討ち死にし絶体絶命の危地に陥った。その證如の周りを、有田勘兵衛が指揮する野田衆がひしひしと取り囲み命からがら野田まで逃れてきた。この時、野田衆二一人にとどまらず、ほかに東兵衛大夫をはじめ恐らく百人単位の一揆勢が落命したであろう。

近衆は討ち死にしたり、あるいは離ればなれになり、證如はたった一人で野田衆に囲まれていた。この時、無事を喜ぶ門徒との一体感と高揚感に駆られた證如は、本願寺の伝統に従えば決して書いてはならない「宗主感状」を野田衆に望まれるままに何通か書いてしまった。本来はそれを阻止すべき近衆が、周りに一人も居なかったのである。

以上は想像ではあるが、ほとんど唯一と言ってよい門徒衆の討ち死にに対する宗主感状が書かれた、非常に特異な状況に近いと考える。以後、證如は生涯、何百人の門徒が討ち死にしても、決してこの様な感状を書くことはなかった。

證如のような高僧が、自ら出陣することは普通はあり得ない。その分身として下間氏などの寺侍が、戦場を駆けめぐるのである。しかし、『大阪府史』によると、一向宗徒の堺攻撃において證如は自ら檄を飛ばしたようである。

下間頼秀は證如の奏者役を勤めたため、後見役の蓮淳よりも證如に対し影響力が強く、若い證如はその勧めによって行動することが多かったという。加賀の三カ寺討伐のため、さっそうと山科本願寺から出陣式を行う頼秀の姿に、若い證如は胸躍らせたであろう。

晴元の出陣要請に応えて、山科から大坂御坊へ疾風のように駆けつけた決断の早さと行動力、あるいは「聖人のために討ち死にすれば極楽往生間違いなし」（無論親鸞聖人の教義にはない）と一揆勢を叱咤激励する姿の中に、證如は勇猛果敢な武将の側面をたぶんに持っていたような印象を受ける。

さらに、本願寺と一向衆門徒との感覚的一体感と躍動感で満たされていた当時の状況の中にあって、若い證如は自ら前戦近くで采配を振るった可能性なしとは言えない。

下間氏は清和源氏頼光の流れで、源三位頼政五世の子孫宗重を始祖とする。宗重は親鸞聖人に従って常陸国下妻の地に一宇を建立し、下妻蓮位坊と名乗ったが、のち下間と改名した。下間氏が勢力を拡大したのは蓮如の時代で、本願寺が膨張すると共に下間一族も数多く登用されるようになり、本願寺教団内に地歩を固め下間氏家系図（次頁）に示されるように繁栄した。

本願寺内部では年寄・家老として寺務を取り仕切る一方、一向一揆などの合戦においては、武士という立場で一軍の将として出陣し、一向衆を指揮したのである。戦乱の中で非業の死を遂げたものも多く、また頼秀・頼盛兄弟のように、最後は本願寺教団を追われるなど悲運の末路を歩んだ人々もいる。子孫は代々本願寺に仕え、明治に至り本願寺から離れた。

なお、戦国時代の一揆は江戸時代のように、筵旗を押し立て手に手に鋤鍬をかざした農民一揆ではなく、下間氏のような歴戦のプロの武士あるいは地侍・土豪に指揮された農民・地侍・土豪・商工業者などからなる武装蜂起だったのである。伝承に描かれた村人の戦い方は、江戸時代の農民一揆の情景を思わせる。

伝承の誤りの原因は簡単明瞭である。そもそも天文元年八月二四日の定頼による山科本願寺焼き討ちに際し、證如がそこにいたと後世の人に誤り伝わったことによる。證如は、すでに六月五日に大坂御坊に移っていたことや、焼け落ちる山科本願寺から脱出した実従が、その時の様子を『私心記』に書き残しているが、そこに證如のことは記されていない。最近に至るまでいくつかの歴史書も證如が山科本願寺から脱出したと誤り伝えている。人々が、本願寺宗主は総本山にいるものと思うのは、自然の理であろう。

下間氏家系図

□内、大一揆・小一揆に関わった下間一族

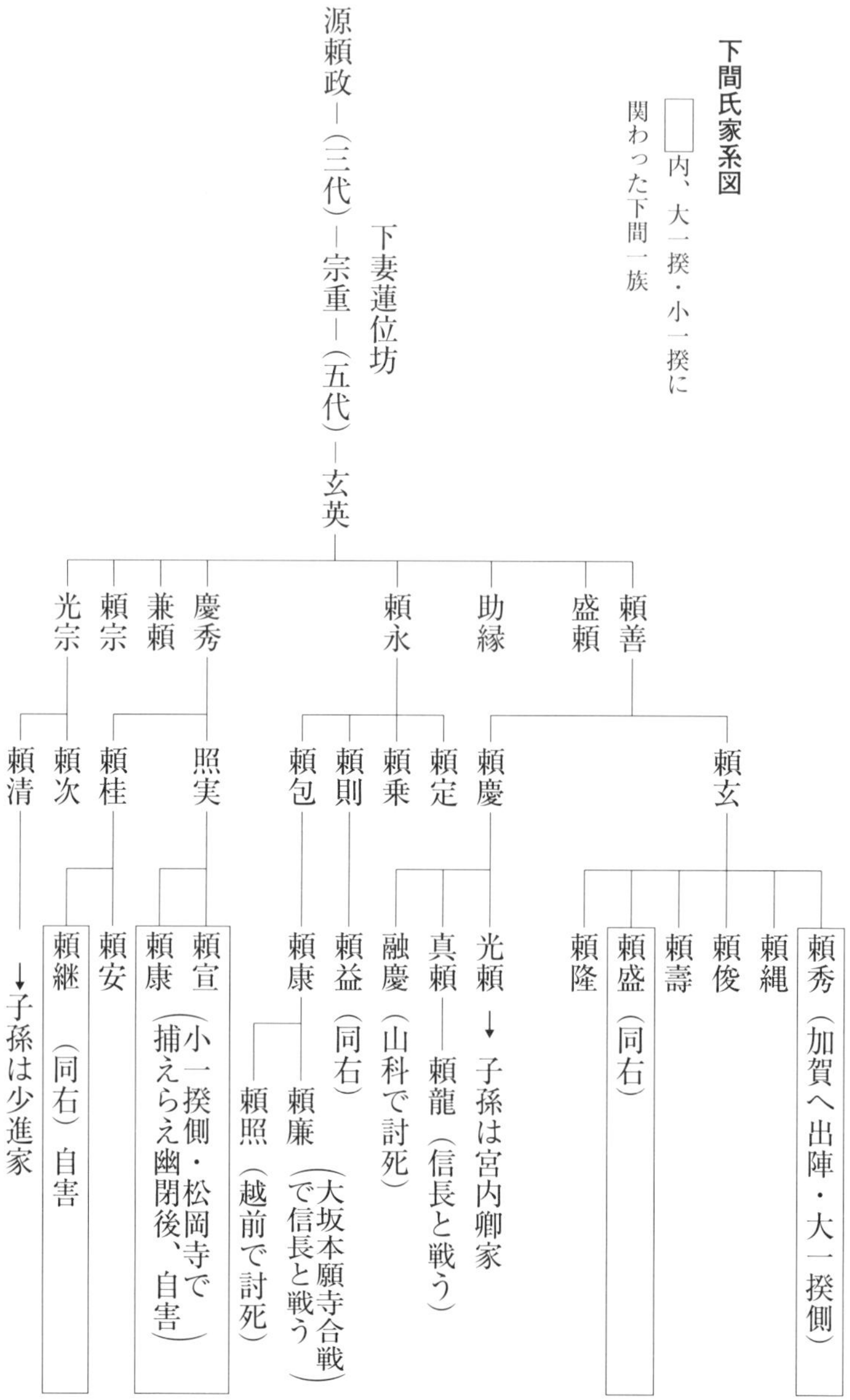

野田御書の日付が八月九日であるから、「二一人討死」の合戦は山科本願寺焼き討ち事件の翌年、即ち天文二年でなければならなかった。そしてこの合戦が、山科本願寺焼き討ちの延長であるならば、證如を襲ったのは必然的に定頼ということになる。さらに茨木長隆は黒幕的存在であったようで、その名はほとんど世間に知られておらず（現在でも木澤長政に比べ、知名度はきわめて低い）、伝承に登場しようがないのである。

證如が野田衆に助けられたことは、江戸時代初期までおぼろげながら語り継がれ、「野田御書」がそれを裏付けていた。それを山科本願寺焼き討ち事件と結び合わせて、「二一人討死の伝承」が生まれたのであろう。類似の伝承の中でも、語り部伝承が大一揆・小一揆など伝承の前半部分を残していることなど、そのオリジナルの姿をもっともくわしく今に伝えている。

惣村結束のかなめ

晴元は、天文元年八月九日、茨木長隆をして本願寺宗主の暗殺を謀り、同二四日、近江の山科本願寺を定頼と法華宗に焼き討ちさせた。

まさに浄土真宗が根こそぎ亡ぼされようとする未曾有の危機であった。晴元は、證如と本願寺を強烈に憎むと共に、心から恐れていた。

一方、それまでの各地で発生した一向一揆は、現地の一向衆が暴走した部分もあり、必ずしも證如の意図するところでなかったかも知れない。しかし、一七歳とまだ若かった證如は、これらの一連の出来事以後、蓮如以来の「王法を本とし仏法を後ろに隠すように」、即ち武士には逆らってはならない、との教えに背き足かけ四年におよぶ畿内天文一揆に突き進んだ。

奥林亭著『茨木別院史』によれば、この戦乱で摂津三島・吹田などが焼き払われ荒廃したが、證如は門徒衆を駆り立て晴元と争った。天文四年一一月末、證如・晴元間で和議を結びようやく終結した。これは本願寺側が、晴元側に和解金を支払った事実上の敗北であった。以後、證如は朝廷、貴族、将軍義晴、管領晴元、三好長慶などの畿内の武将と広く友好関係を保つようになり二度と武士と争うことはなかった。

同氏著『南桂寺と海老江』によると、浄土真宗と大坂の関係は安貞二年（一二二八）三井寺の僧俊円が親鸞聖人の教えを受け門弟となり、河内国に浄土真宗光徳寺を開いたことにさかのぼる。その後本願寺三世覚如上人とその子、存覚上人は摂津・河内・和泉方面に布教した。このように本願寺教団の初期の頃から大坂との関わりが始まった。

中島一帯にも、すでに一四世紀頃から浄土真宗の一派である渋谷《しるたに》仏光寺派が浸透していたようである。自立救済の厳しい世界に生きる当時の人々、特に長年にわたって戦乱に明け暮れていた野田を含む中島一帯の人々にとって、阿弥陀仏という絶対的救済者の存在は実感として感受できたのであろう。

蓮如が晩年、明応五年（一四九六）大坂御坊を建てた頃には、中島地区一帯は徐々に本願寺派に統合され、一〇世證如の頃には、野田は完全に本願寺の下に結束していた。

本章の結びとして、「野田御書」と「二一人討死伝承」の野田・福島における歴史的な意義について考えてみたい。

野田福島は、二一人討死の伝承や畿内天文の一揆の終息過程で勃発した中島の乱、次章の信長との大坂本願寺合戦、さらに近世に至っても「大坂の役」などで戦場となりその都度焼土と化した。

野田福島の寺社・旧家には、農民や住民の様子を伝えるこの時代の記録は、ほとんど残っていない。何も証拠がないのである。

『藤伝記』には、足利義詮や、後に述べる三好一族に関する伝承、豊臣秀吉のふじ遊覧など華やかな出来事が伝えられているが、そこに書かれていない隠された空白の中に、野田衆がたどった過酷な運命を暗示しているのである。

かすかに残った記憶は、野田福島の民衆にとっては二度と思い出したくない悲惨で恐ろしい戦火のそれであった。それらを浄土真宗の法燈を守ったという、輝かしい出来事の中に凝縮し、民衆の心の中で浄化されたものが、本伝承として受け継がれたのではないかと考える。

また、御書の宛先が、「野田惣中へ」となっていることから、戦国時代、野田村は惣村（自主独立の村落自治共同体）を形成していたことがわかる。厳しい戦国時代を生き抜くために、惣村は「自力救済」しなければならなかった。侵入する外敵から村民の命と財産を守るために、全構成員が一心同体となって堅く結束しなければならなかった。

当時、惣村を形成するための核は浄土真宗であったが、その中にあって祖先の体験を共有できる

「一二人討死の伝承」とそれを裏付ける野田御書は、戦国時代末期から江戸時代初期にかけて野田村の結束を固めるまさに精神的かなめであったと考える。

なお余談ながら、大坂の呼び名は、蓮如が晩年現在の大阪城付近に「東成郡生玉の庄内、大坂の地」に隠居所として一宇の坊舎を建立するに際し、「小坂」を改めて大坂と名付けたことに由来する。この坊舎は「石山御坊」や「石山本願寺」、それを巡る合戦を「石山合戦」と呼ばれることが多いが、当時この地は「石山」とは呼ばれておらず、本書では大坂本願寺あるいは大坂本願寺合戦とした。

また大坂御坊と大坂本願寺の違いは、天文二年七月二五日、親鸞聖人の塑像が実従によって、ここに運び込まれるまでは前者とし、それ以後は後者とした。

天文元年八月から天文四年一一月に至る、晴元と證如との戦いを「第一次本願寺合戦」、次節の元亀元年から天正八年の、信長と顕如との戦いを「第二次本願寺合戦」と呼ぶこともある。後者はいわゆる「石山合戦」のことである。

次章は三好長慶の和歌奉納伝承に続き、「第二次本願寺合戦」の火蓋を切った「野田福島の合戦」にすすむ。

第四章　戦の合間のみやび

三好長慶の和歌奉納

「一一人討死の伝承」から一〇年後の出来事である。

三好長慶《ながよし》は、主君細川晴元の差し金で叔父の三好政長、木澤長政、本願寺證如によって動員された一向衆に攻められ、堺の顕本寺で自害した元長の長子である。

父元長が横死を遂げた時、長慶は僅か一〇歳であったが、成人すると共に仇敵討伐を心中に期して京都を脱出して四国に下る。天文一一年（一五四二）淡路・阿波の兵を率いて再び畿内に戻り、木澤長政を河内で、次いで従叔父の三好政長を摂津江口で討ち取り父の無念を晴らした。

この三好長慶とその弟である三好三人衆（三好長逸・政康・岩永友通）と春日神社とは、深い関わりがある。それは三好一族の軍勢が、阿波の国から京都に攻め上るに際して、野田を畿内における拠点の一つにしていたためである。三好一族との関わりを示す伝承は、三好長慶の戦勝祈願の和歌と、三好一族の和歌奉納のくだりに記されている。

春日神社に和歌を奉納する三好一族（『藤伝記絵巻－第一巻』より）

天文一一年三月、三好長慶がまだ孫次郎教長と呼ばれていた頃、遊佐河内守長教の援兵として野田の城から出陣した。此の時、春日明神へ心願して、戦勝祈願の和歌を詠み奉納した。松笠菱の大旗を真先きにすゝませ、河内の国、落合の辺り高畑で、父の仇、篠原左京亮（木澤左京亮長政の誤りか）を討ちとり本意をとげた。この時、祐筆《ゆうひつ》蜷川新介に書かせたという和歌が今に伝わる。

むらさきのゆかりならねと若艸や葉すへの露のかゝる藤原

出陣に際し、三好孫次郎教長（長慶）が、常に信仰していた天満宮（菅原道真）の画像を戦火の恐れがあると言うことで、藤境内へ奉納した（『藤伝記第一一』）。

この仇討の後、長慶の武威は畿内に鳴り響くようになり、管領細川氏の支配下にあった河内・和泉の土豪達も長慶の配下に参じるようになった。四国では長慶の弟達（三好之康・十河一存《そごうかずなり》・安宅冬康《あたぎふゆやす》）が阿波・讃岐と瀬戸内海の支

（伝）三好長慶戦勝祈願の歌（左）と天満宮の画像。長慶が出陣に際し奉納したものか？（いずれも春日神社所蔵）

配権を固めた。

こうした弟達の武力に支えられて長慶は畿内随一の強豪にのし上がった。天文二二年（一五五三）足利義輝を形ばかりの将軍に、細川氏綱を管領にしたて幕府の実権を手中に収めた。

長慶は武力に優れていたが、他方で古典を好み和歌や連歌に秀で、堺の商人と茶の湯を楽しみ、大林宗套《だいりんしゅうとう》に参禅し堺に南宗寺を建てるなどの文化人でもあった。

長慶は永禄六年（一五六三）四二歳で頓死し、世人はこれを家臣松永久秀に暗殺されたと噂した。彼は将軍や管領を自在に操るだけの力を持ちながら、自身は従四位下修理《しゅり》大夫《だいぶ》で満足していたが、彼の行動は群雄割拠する全国の戦国大名の目を京に向けさせ、上洛への野望に火をつけさせることとなった。

三好一族とふじの和歌

長慶が父の仇を討ってから二〇数年後、尾張から起こっ

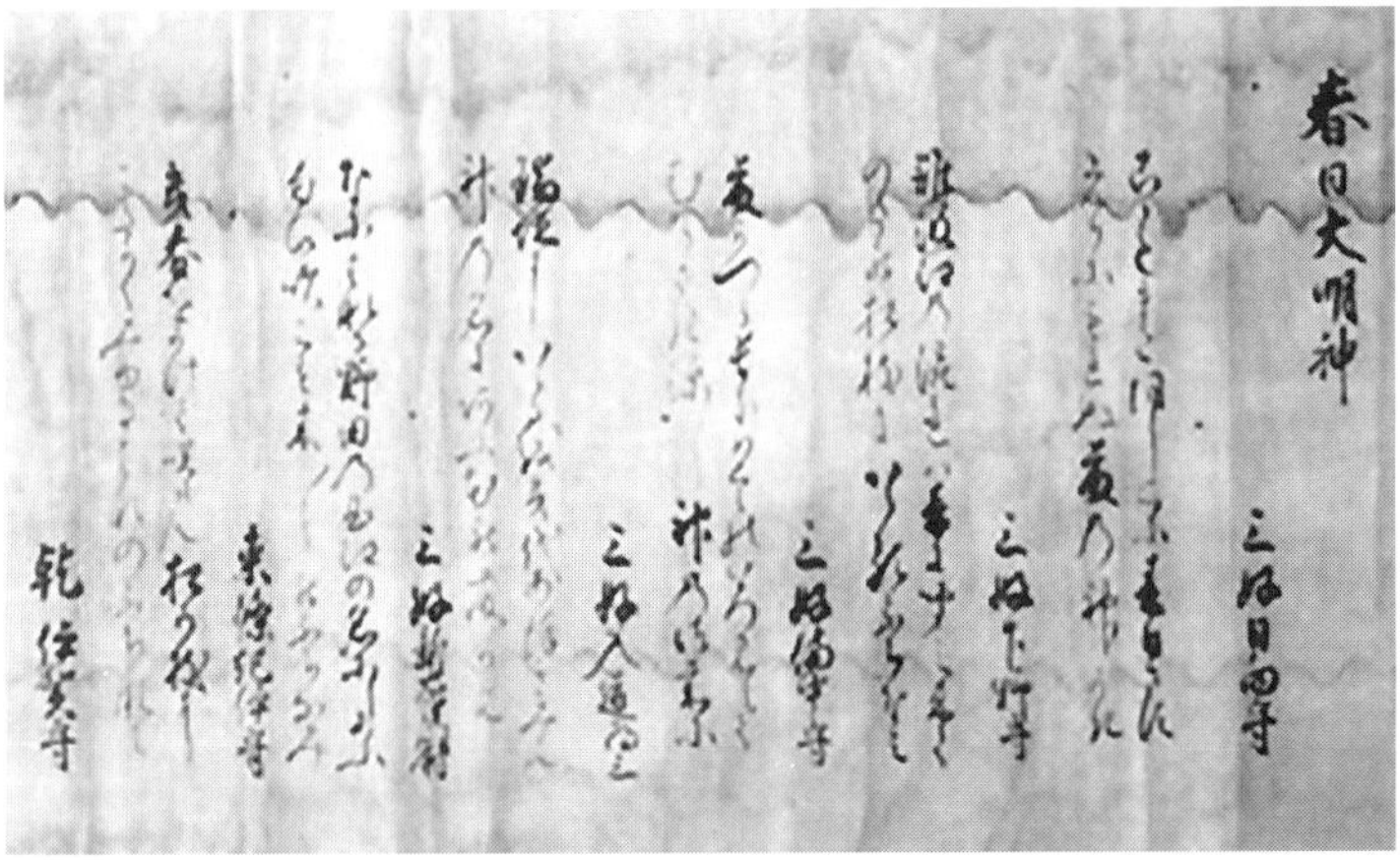

（伝）三好一族藤の和歌、巻頭部分（春日神社所蔵）

た織田信長は永禄一一年（一五六八）九月、足利義昭を擁して京都に入洛し畿内における覇権を確立しつつあり、ようやく長かった戦国時代の終わりが見えてきた頃である。

本願寺宗主は證如の子、第一一世顕如に代っており、大坂本願寺を核として寺内町は一〇町を数える程に発展し、寺内では地子や賦役の収納徴税権は本願寺が握っていた。

信長は天下統一のため、本願寺が占拠する現在の大阪城付近の地を手に入れると共に、本願寺の勢力を弱体化させる必要があった。そのため最初は、本願寺に対して矢銭《やせん》（軍用金）五千貫を要求し顕如はこれに従う。しかし元亀元年（一五七〇）、信長が本願寺に対し大坂本願寺退去とその破却を要求するにおよび両者の関係は悪化する。

野田福島において、以後一一年におよぶ大坂本願寺合戦の火蓋を切ったのは三好三人衆であるが、この長い合戦の合間にもつかの間の平穏なひとときがあり、その間に三好一族がみやびの世界を楽しんだエピソードが残されている。時は、元亀二年春と思われる。

三好山城守入道笑岩　藤之和歌
住かひや藤さく野田の神垣にちかひて是そ代ゝに伝ふる
同奉納物
刀　壱腰　弐尺三寸五歩
銘波平母上行安海上守
脇指壱腰　九寸五歩
銘正宗
絵双紙壱巻　東山殿義政公御添書有
（『藤伝記第六』）

三好一族の内に、沢田式部少という和歌の道に通じた武将が居て、ほかの武将にも和歌を詠ませ、銘々の詠み歌を一紙に認め、春日明神に奉納した。『藤伝記第八』には、三好三人衆をはじめとする一族の和歌が記されている。

以下に「大坂本願寺合戦」の幕開けとなった「野田福島の合戦」のようすを、『第一西野田郷土史』をもとに再現してみた。

信長に追われ阿波に逃れていた三好三人衆は密かに、本願寺顕如とその嫡子を婿とする朝倉義景と手を結び、信長に一矢を報わんと元亀元年七月二七日に天満の森を経て野田福島に着陣した。ここに立て籠った軍勢は、細川六郎昭元を大将分とし、三好山城守笑岩、三好日向入道北斎、三好下野守、其の弟為三、岩成主税助、三好治部大輔、三好備中守、松山彦十郎、篠原玄蕃助、これら阿波の軍勢八千人に、紀州雑賀の鈴木孫一が率いる鉄砲隊三千人などが加わり、総勢一万二千人になったという。

これに対し、信長は美濃・尾張・伊勢・三河・遠江の三万余人を率い、八月二七日天王寺に着陣、諸部隊は渡辺・津村・神崎・川口・難波・木津に陣を構えた。紀州根来衆八千旗も加わり、九月八日野田福島の対岸、川口と、楼の岸《ろうのきし》(京橋前之町)に砦を築き、本陣を天王寺から天満の森に移した。九日、中津川に舟橋を掛け諸国の加勢を加え五、六万人で包囲網を固めると、一〇日には人夫を繰出して野田福島近くの堀を草で埋める。

一一日福島堤で銃撃戦が始まった。さらに、一二日、義昭の軍勢が浦江の古城に入った。信長方は、ここに高い櫓を築き大鉄砲を城中に打ち込んだ。攻撃は昼夜を分たず続き、敵味方の鉄砲の音が天地に響きわたった。

この城が落ちると大坂本願寺も危ないと、それまで表面的には静観を装っていた顕如は、一二日夜半、かねて示し合せてあったごとく、寺内に早鐘を打ち続け門徒衆に決起を促した。突然の早鐘の音に信長も肝を潰したという。これを合図に多数の門徒衆が駆けつけ、川口、楼の岸《ろうのきし》の両砦を攻撃し、一四日には天満の信長本陣を攻めた。これで野田福島城に籠る三好勢は息を吹き返した。

一三日は朝から西風が強く吹きつけ、淀川の水が上流に逆流し始めたので、三好軍は川の至る所で、堤を切って寄せ手の陣に水を流し込んだ。水は信長・義昭両軍の陣営を浸し、浦江の義昭将軍の陣も混乱に陥るなど信長は思わぬ苦戦に見まわれる。一六・一七日は戦闘はやみ、和議の話合いがあったが信長は拒絶する。

二〇日、五、六千人が城中から討って出て、守口付近で刈田を始めると川口から注進があり信長は出陣する。これに向って三好軍三千の鉄砲隊が雨のごとく撃ちかける。この激戦の中、深入りした信長の武将野村越中守が雑賀衆の志摩興五郎という者に討ち取られるなど、信長方は総崩れとなった。退却する信長勢を三好勢が追撃するところを、前田利家ただ一人殿《しんがり》をしてよく三好軍を防戦したので信長は危機を脱したという。後、顕如は大いに喜び、興五郎に銀百枚を与えた。

信長が野田福島で足止めを食っているのに符合するように、一二日、浅井・朝倉連合軍が近江の国で決起する。宇佐山城が攻められ城将森可成《もりよしなり》が討ち死にした。二〇日には、浅井・朝倉連合軍に近江の一向一揆も加わり、約三万人が近江阪本に進み志賀城を攻めた。

二二日、信長は浅井・朝倉・一向一揆によって近江を席巻され岐阜への退路を断たれることを恐れ大坂の陣を断念し、二三日には兵を収めて京都に退いた。

こうして本願寺・三好一統は大いに勝利を喜んだ。三好の軍勢は、信長に負けなかったことに満足し、三好三人衆と一部武将を野田城に残し本国の阿波に引上げた。

この合戦は、天文一二年（一五四三）種子島に鉄砲が伝来してから二七年、織田・徳川連合軍が三千丁の鉄砲を使って武田勝頼に大勝した、天正三年（一五七五）の「長篠の合戦」に先立つこと五年、我が国最初の大規模に鉄砲を使った合戦であった。

信長は義昭の斡旋により一二月に浅井・朝倉軍と和議を結び岐阜に引上げる。本願寺との全面対決をさけ、個別勢力の撃破に方針を転換し、まずは伊勢長島一向一揆の鎮圧に注力することになった。このため野田城にもしばらく平穏が訪れる。三好一族がみやびの世界を楽しんだのはこの翌年春のことと思われる。

野田福島の合戦以来、比較的平穏を保っていた野田城もついに天正四年（一五七六）一〇月の川口の合戦の前に織田軍の猛攻にあい落城する。その後、荒木村重がここに拠って大坂本願寺に兵糧を運び込もうとした毛利の水軍と戦った。落城時に野田城を守備していたのは、もはや三好一族ではなく一向衆であった。この時も、野田村一帯とふじは織田方に焼き払われた。

要害の地となったみやびの里

野田福島の戦略上の重要性を示す次のような記述がある。野田福島の合戦に先んじて、三好方は畿内に足がかりとなる要害の地を持っていなかった。『惣見記』（三好一党蜂起摂州出張事）によると、阿波の国勝端というところで軍議を開き要害の地を選ぶことになった。白井入道浄三というものが、

摂津の国中島の内、野田福島と言うところは近国無双の勝地なり。西は大海なり、四国淡州へ船往還の通路あり、南北東は淀川にて水巻なること帯のごとし、里のまわりは沼田なり、まことに防戦の要害これに増したる所なし

と主張した。こうして軍議一決、公方（足利義昭）と信長をここにおびき出して合戦することになった。摂津の国中島とは、現在の西淀川区・淀川区・東淀川区・福島区・北区の長柄付近を含む広大な

地域である。このように野田福島は、古来から要害の地であったため、戦国時代以降幾多の戦乱に巻き込まれていったのである。

野田城は歴史には登場するが、場所は何処にあったかわからないので「幻の城」と言われていたが、玉川在住の福島歴史研究会理事岡倉光男氏の地道な調査によってその位置がようやくわかるようになった。

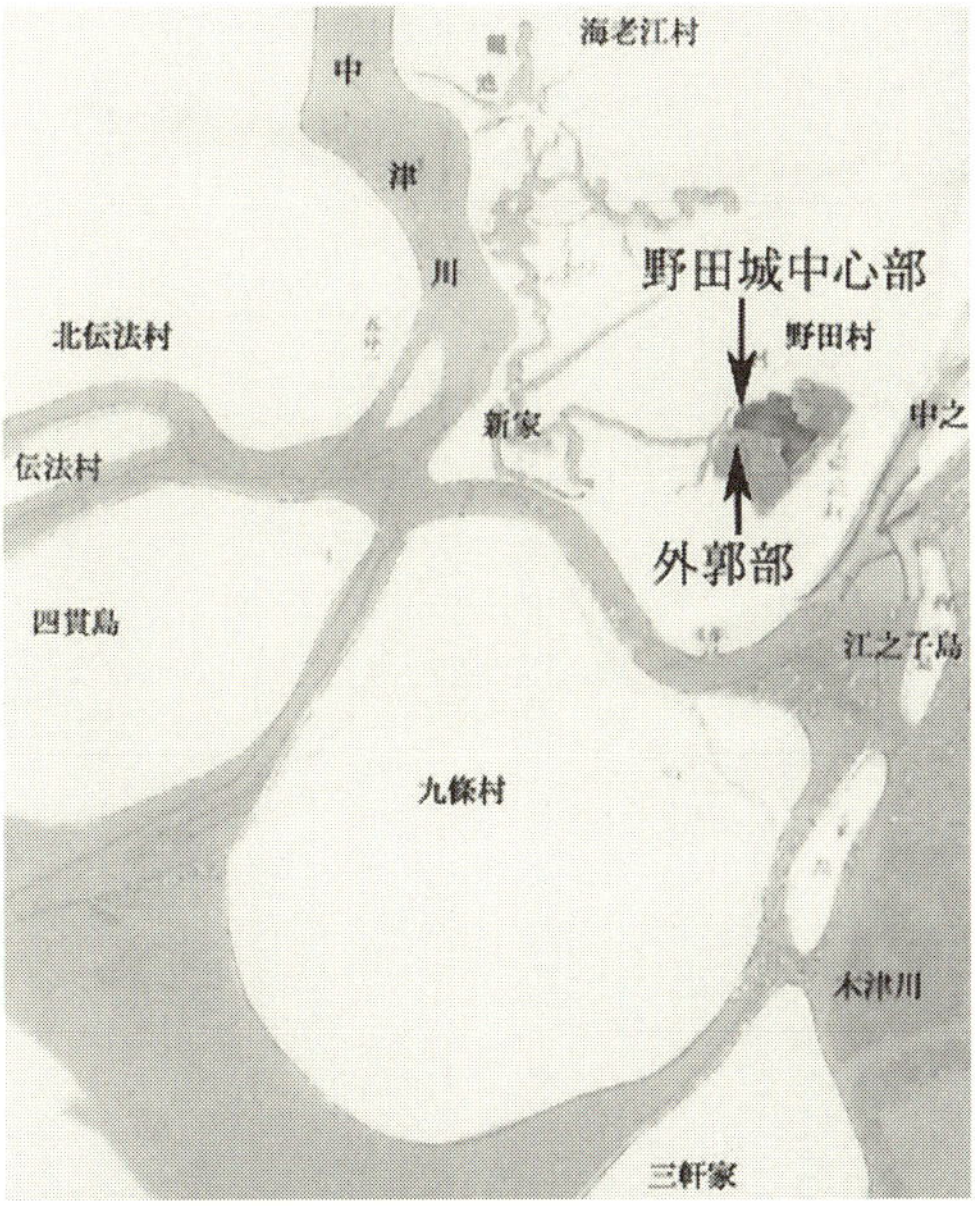

幻の野田城。野田福島の合戦当時の地形と野田城跡推定区域を合成

明治一九年の実測図には江戸時代の地名が残っており、「字城の内」「字奥」「字弓場」と呼ばれた付近より一段高い所が、城の中心部であったと推定される。それを「コ」の字形に取り囲む「村東」「字大北」「字大南」「字堤」は、三好勢が一万二千もの大軍を迎え入れるために拡張した城の外郭部と推定される。この時の様子は『織田軍記』に、

> 野田福島の堀をさらに掘り下げ、堀に守られた矢倉を高くし、川の浅いところに乱杭、逆茂木、大綱引いて立て籠

る、

と記録されている。これらの町名の位置と「大坂の役」当時の地形をあわせ、野田福島合戦当時の野田城の位置を再現してみた。公経が「野田の細江」と詠んだ入り江がまだ残っており、その東側にそって城が築かれていた。城の東と南側は淀川に、西は瀬戸内海に通ずる入り江に、北は海老江との間に横たわる湿地帯（当時は淀川流域であったと思われる）に囲まれ、まさに『惣見記』の描写通りであり、大軍を相手に守るに好都合な地形であることがよくわかる。拡張された外郭部の北は浦江城に陣取る義昭軍に、東と南側は織田軍の川口の砦への備えになっており、西は「野田の細江」が天然の堀になっている。

なお現在の地図と重ねると、圓満寺と極楽寺はまさに城の中心部に、春日神社はそこに近い城の外郭部にあったと推定される。大阪市が立てた「野田城跡」の石碑は城の中核部の西北端にある。極楽寺前にも「野田城跡」の石碑が建てられている。

戦乱と野田のふじ

のだふじは「二一人討死の伝承」で象徴される、数々の戦乱をかいくぐって、細々ながら戦国時代を生き延びた。ふじという木はかなり強靱で、大木になるといったん木の表面が焼けても根っ子が生き残り、手入れをして水と太陽が豊富なら、またひこばえから新芽が蘇ってくる。戦乱のたびに、何本かのふじは完全には枯れ果てず、手入れされたり接ぎ木されたりして代々引き継がれ、安土桃山時代を経て近世まで生き残ることができた。

この頃には、二百数十年以前、義詮により「紫の雲をやといはむ」と詠まれたふじは、戦火に焼かれあるいは田畑として開発され、春日神社境内とその周辺にのみ生き残った。

野田城落城のおよそ二〇年後、思いがけないことに太閤秀吉がふじ見物にやってくる。

第五章　吉野の桜野田の藤

秀吉のふじ見物

天下を統一した秀吉は、文禄三年（一五九四）野田を訪れふじを見物したという。『摂津名所図会《ずえ》』には次のように記されている。

天文年中逆乱時、この藤、兵火に罹りて亡ぶ。ただ古跡のみとなりしを、文禄年中秀吉公ここに駕をめぐらされ、紫藤の僅かに残りしを御遊覧あり。その時、御憩所の亭を藤の庵と名づけさせられ、御傍衆曾呂利新左衛門に額を書かせ下したまふ。その後、秀吉公御曾甥、下河辺長流といふ風流人ここに来り詞書して一首の和歌を詠まれける。

『摂津名所図会』は寛政八年（一七九六）から一〇年にかけて発行された、全一二巻からなる江戸時代の地誌であり観光ガイドブックでもある。秋里籬島が著者で、竹原春朝斎が画を書いた。「名所図会」の「名所」とは、本来は和歌の歌枕に詠まれた場所を指すが、別に「俗名所」もあり、「歌名所」と区別されることもある。そして「図会」とは「絵を集めること」を意味する。

『摂津名所図会　野田藤』挿絵　野田『紀氏六帖』

「名所記」の挿し絵は初期は極めて素朴なものに過ぎなかったが、『摂津名所図会』は実地に調査し、簡潔な文章と精細な鳥瞰図と詩歌によって摂津の名所を網羅的に紹介したもので、娯楽性と実用性を併せ持つ総合的な地誌である。

野田のふじの風景描写も精緻を極め、往時の盛況を偲ばせるに十分である。

『狂歌絵本浪花の梅』には、秀吉ふじ遊覧の故事を以下のように伝えている。

野田村藤庵ハ豊臣公御遊覧の節、曽路利も御供仕来たりしとや、当所の藤の花は往昔より都の高雄の紅葉にならぶ名花なり、今に至るまでさかりのころは見物群をなす。津の国擣衣の玉川というも此地内にあり

松風の音たに秋ハさひしきに衣うつなり玉川の
里

とよめる古歌も当所のことなり。

野田在住の歴史愛好家和田義久氏の調査によれば、これは『千載和歌集』に選ばれた源俊頼《としより》（一〇五五～一一二九）の詠み歌である。

俊頼は宇多源氏の流れ。大納言経信の三男。右近衛少将・左京権大夫などを経て、従四位上木工頭に至る。白河院の命を受けて『金葉集』を編纂した。『金葉集』および『千載和歌集』で最多入集した歌人である。

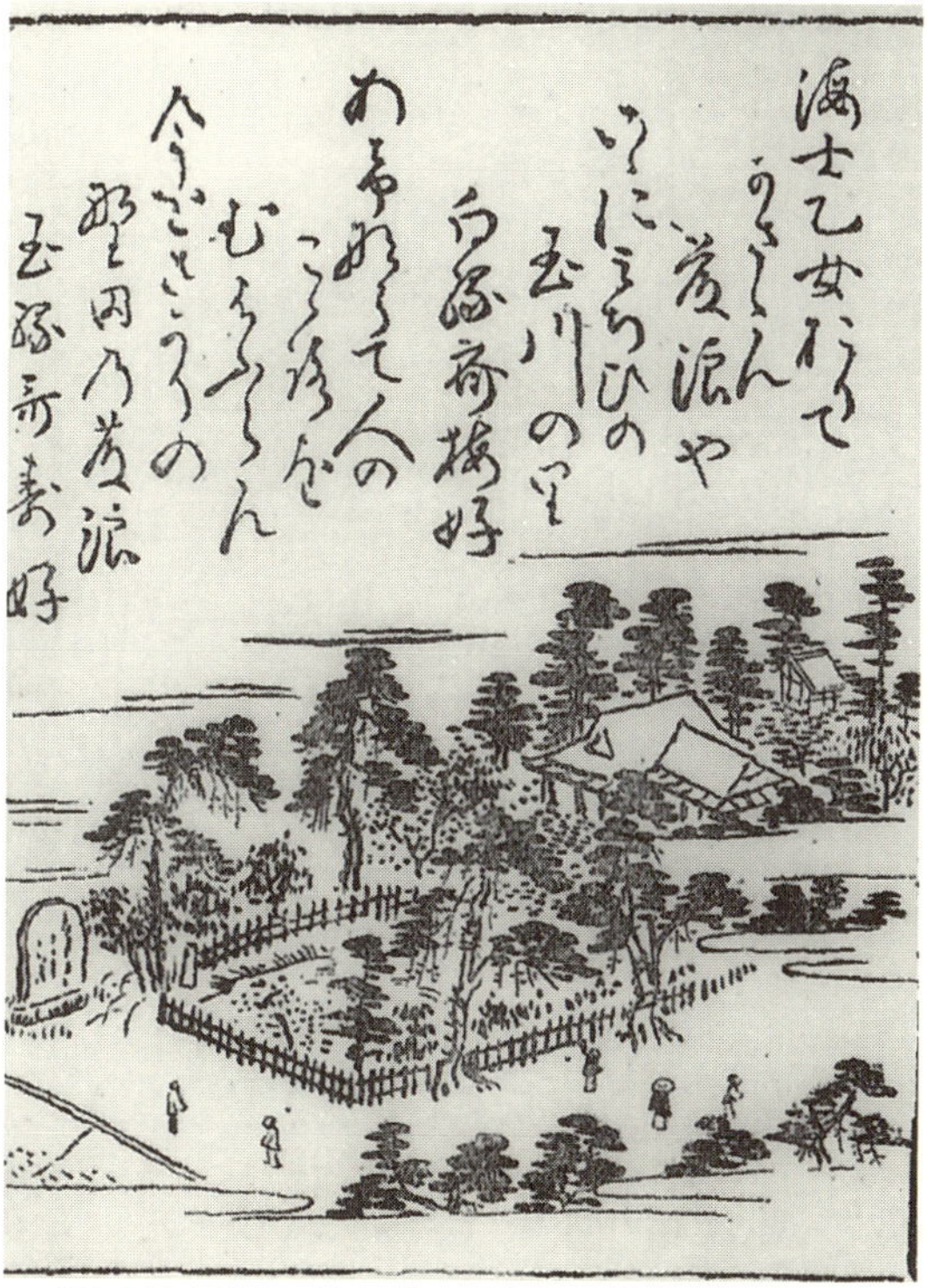
『狂歌絵本浪花の梅』（『野田藤と圓満寺文書』より）

『狂歌絵本浪花の梅』は、白縁斎梅好が選んだ浪速およびその付近を中心に、狂歌と挿画によって浪速の風物を後に伝えるものである。

なお梅好は、「藤庵」の挿し絵に次の狂歌を添えている。

海士乙女たりてかさゝん藤波やこゝにミちひの玉川の里（白縁斎梅好）

あけならて人のこゝろをむはふらん今をさかりの野田

秀吉ふじ見物の図（『藤伝記絵巻－第三巻』より）

の藤波（玉縁斎寿好）

『藤伝記第二五』には次のように記されている。

文禄三年春、太閤秀吉公、ふじの花盛の頃、義詮公も古跡をしたわれた地だということで、ひこばへの花ゆかしく思われ御遊覧に来られ、藤の庵で御茶を催された。輿に乗って、藤庵の文字を御傍衆の曽呂利に書せ、藤主へ下し給ふ。代々に伝へ、世の人知る所第一の什物である。

又難波江の流れが少し残って義詮公が玉川とよまれた池の形を見付けられ、常々御信仰の弁財天女の尊像を此所に安置なされた。世の人信心によって其利生明らかである。

此後の事、太閤の画像を何れの人かが納められたが、当社の伝記に定かでない。

これらの文書に見られるように、文禄年中に秀吉はふじの頃、駕篭を巡らせて野田玉川を訪れふじの木の傍らにある茶屋でしばし休憩し、お茶を飲み上機嫌でお側衆の曽呂利新左衛門に命じ、古木の根からできた額に「藤庵」の二文字を書かせ、茶屋を「藤庵」と名付けたようである。

巻頭に掲げた豊公画像は、大阪城天守閣が把握している二九点の秀吉画像の一つである（渡辺武著『豊臣秀吉を再発掘する』）。白い直衣《のうし》に紫の指貫《さしぬき》を着用し、唐冠《とうかん》をかむり檜扇《ひおうぎ》を持って小柄な秀吉が上畳の上に座っている。背景はシンプルで、宇和島市立伊達博物館や京都の高台寺に伝わる立派な画像のような像主に対する尊厳化が進んでいない。殿上人の姿であるにもかかわらず、武士のたしなみである太刀を左手元に置いている。何となく飾り気のない生の秀吉の姿に近い画像のように感じられる。この画像は江戸時代初期から春日神社に伝わる「藤庵の額」とともに今に伝わる。

大坂本願寺合戦が終わった後、のだふじが群生する春日神社一帯は、荒れ果てていた。渡邊忠司著『大坂見聞録』によると、それを文禄年中（一五九二～一五九六）に秀吉が復興した。大坂本願寺合戦終結から一八年後のこととて戦乱の余韻がまだ残っており、表面が焼けこげたふじの古木がそこここの大木に絡まっていたであろうし、周辺の民家神社仏閣もまだ再建途上であったであろう。

秀吉は関白就任に先んじて、公家の近衛前久《さきひさ》の養子になった。

秀吉は、殿上人として大坂周辺の藤原末流につながる玉川古跡に関心を抱き、その頃衰微していたふじの復活という文化的事業に手を染めることで、天下人としての雅量を示したのであろう。

ともかく、大坂人に大人気の天下の太閤様が来たということで、野田村の人々を活気付け、荒れ果てていた野田村とのだふじ復興の起爆剤になったであろうことは想像に難くない。

『蘆分船』（『野田藤と圓満寺文書』より）

以後、周囲には多くの茶店や楼閣などが建ち並び、庶民の間で野田のふじは一躍有名になった。「吉野の桜♪野田の藤♪」と節を付けてわらべ歌にも謡われもてはやされ後世に伝わる野田のふじの全盛期は実にこの頃のことなのである。

古跡となった名所藤屋敷

しかし、「吉野の桜野田の藤」ともてはやされた時代は長くは続かなかった。『西成郡史』によると、江戸時代初期、大坂の陣で周辺の民家もろともふじの古木は戦火に遭った。

その後の野田の里の荒廃した様子が、当時の地誌である『蘆分船』にも描かれておりそれを現代文に訳し紹介する。

野田：福島の西にその名も知られた野田の里がある。

「吉野の桜、野田の藤、高尾の紅葉」と、熊野の海女が（一息つくとき）子供達が犬をたたきながら（遊ぶときに）小節を付けて歌ったりした名所である。

見ても見ても見飽きなかったが、慶長年間まで（大坂の陣まで）貴賤の人が群をなしてきて、ふじを愛でぬ人はいなかった。

しかし、時移り事去り楽し日月、華やかな時の楼閣なども人が住まない野っ原になり、所々にその跡が残るばかりで昔のふじの古木は枯れ果ててしまった。

　匂へ藤いくかといはん春もなし　宗祇

『難波名所蘆分船』は、別名『大坂鑑』『難波名所記』ともいい、著者は一無《いちむ》軒道冶《けんどうや》で、延宝三年（一六七五）に刊行された。内容は大坂および近郊の名所・旧跡・社寺などについての記述が七二項目にわたってなされ、それぞれに挿し絵も添えられ大坂最初の本格的な名所案内記である。

このほかに『摂州難波丸』（元禄九年＝一六九七）にも、のだふじに関するほぼ同様の記述がある。

この急激なのだふじと春日神社の荒廃ぶりはどうして起こったのだろうか。実はその原因は大坂の陣ばかりではなかったのである。

　元禄九年（一六九七）一二月に九代宗左衛門が代官辻弥五左衛門に差し出した『摂州西成郡野田村寺社除地御年貢地改帳』によると「古跡の藤屋敷」二反八畝一二歩は、文禄年間に秀吉が行った検地（古検）以来除地（無年貢地）だったが、青山大膳亮によって延宝五年（一六七七）に行われた検地（新検）で年貢地となった。そのおよそ二〇年後の元禄九年には再び除地に戻ったことが記録されて

大風で大木が倒れる図（『藤伝記絵巻－第三巻』より）

いる。

新検で名所御免地藤屋敷が年貢地になった原因は、春日神社と藤屋敷は古跡（廃墟）になったので、もはや除地は認められなかったのだろうか。

これを示唆する次の出来事が記録に残る。

万治元年（一六五八）の大風

万治元戊年、大風雨のために大木が藤庵へ倒れかかり破損してしまったので、仮の庵を貞享三寅年再建した。今の荒れはてた古庵は、この仮庵の古跡のことを云うのである（『藤伝記第二九・三〇』）。

さらに寛文二年（一六六二）、藤庵とその周辺は大火となった。

この外由緒古跡、藤地楼閣・社殿もありましたが、天文二年證如上人合戦の時また寛文二年寅年出火の時に焼失破却してしまい、右の通り古跡だけが残り代々私が所持いたしております（『名所古跡の藤』）。

このようにあまりにあたりが荒廃したためか、春日神社境内に親子の狐が住みついた。この狐たちが、願いが叶って境内から去る時、置き手紙を残したという挿話がある。

寛文四年（一六六四）辰二月、その頃藤境内に狐住み夜な夜な鳴く声は、江戸高氏まつのおしげという名の狐のよし、不思議なことに毎夜鳴き歩き人々の噂になった。ある時、その身が仕官がかない古郷へ帰るということで、毎夜二、三度も知らせた。

その頃、親狐一疋子狐二疋、藤境内をつれあるく事が常だった。しかし、日を重ね、その姿を見せなくなり人々が不思議に思っていたが、ある朝藤の主人が稲荷へ参ってみると、社前に水引に結わえた半紙の中に書があった。

これはきっとこの前いた狐の書と思われ、諸人こぞって見に来た。その後藤の什物となって今に伝わる、世の人知るところである。

この稲荷大明神のことは、元弘建武の頃に、公経公御領地の頃から、百姓の守護神であり、稲を携えてくる姿を藤原の家臣に刻ませ、藤末社に安置された（『藤伝記第三一』）。

こうして「吉野の桜野田の藤」ともてはやされたのだふじの最盛期はあっけなく終わり、そこは狐狸の里と化し、その由緒も歴史も世人からすっかり忘れ去られてしまった。

貞享三年（一六八六）に書かれた『藤伝記』はここで終わっている。

その著者宗左衛門（宗慎）は、ふじと春日神社は荒廃し後世に残らないのではないかと危惧し、自分が知っている限りの言い伝えや記録などを書き残し、たとえふじの古木は枯れ果てても、せめてこれらを後世に伝えようとしたのであろう。

今までの記述の中心になっている古文書は『藤伝記』であるが、これは実際にあった出来事よりも後世に書かれた書で、記録というより伝説や伝承・言い伝えの類である。

一方、以下は奉行所に提出した公文書や自叙伝、書簡、宗旨人別帳を使っているので内容はほぼ正確であり、「歴史」と言える領域に入っていく。

長流の歌にしのぶ野田のふじ

『摂陽群談』巻一七（元禄一四年＝一七〇一）には次のように紹介されている。
野田藤　同郡野田村眞入庵にあり。世俗吉野桜、野田藤と対し、花の咲く頃群をなし、下河辺長流、此藤に題して和歌を作り庵主眞入にあたう。其の詞に云う、
さく花の下にかくる、人おほみとよめる哥《うた》ハ、いにしへ藤氏の栄花のさかりによせたるなるべし。これハ近き世に豊臣の太閤あさの衣のひとへよりおこりて、つゐに我大やまとをさへおほひ余れる袖のいきほひ、遥かなる唐土までもおびやかし玉ふる時に、あひに相たるさかりを見へて、名ハ高浜の松のひゝきと四方に聞へし藤なりけむ、今その古根のひこはへ猶いほり庭に残りて春を忘れぬかた見なりければ、ゆかりの色を尋ね来りてみる人の絶ぬもあわれなり、それが中にほり江の河の長き流れを名とせる翁ありてかく鈫みたりし
ミつ塩の時うつりにし難波津にありしなごりの藤なみの花

この文は、難解であるが現代文に訳すとおよそ以下のようになる。

咲く花の下に人が隠れるくらいだと詠んだのは、昔の藤氏の栄華の盛りによせたものであった。最近では、豊臣の太閤が麻の衣一枚（低い身分）から身を起し、大大和をのこらず征服し、その勢いをかって遙かな唐土までも脅かしておられたその真っ盛りに、高浜の松のひびきと知られたふじを（見に来たもの）だった。

今はその古い根から（芽を出した）ひこばえが庵の庭に僅かに残っていて、春には忘れずに咲く、（昔の様に花が一杯咲いているものと思って）そのゆかりの色を訪ねてくる人が絶えないのも哀れをもよおす。

その中に堀江の河の長き流れを名としている翁（自分＝長流）が次のように詠んだ。

潮の干満を繰り返す難波津に、昔の名残の藤波の花が僅かに咲いている
下河辺長流（一六二七〜一六八六）は、秀吉の正室ねねの曾甥である。大坂が生んだ国文学者で歌学者、歌人である。大和の人で歌学を木下長嘯子《ちょうしょうし》、連歌を西山宗因に学んだ。三条西家に仕えて「万葉集」を研究し、のち大坂で歌道を教授した。徳川光圀に「万葉集」の注釈を請われたが、病気で中絶しこれを契沖が受け継いで著したのが『万葉代匠記』である。当時の万葉集研究の第一人者であり、その大叔父太閤秀吉来遊の地を懐かしんで野田を訪れた。

『摂陽群談』は摂津の人岡田溪志の編纂で大坂和泉屋伊兵衛によって元禄一四年（一七〇一）に刊行された摂津の地誌の中で最も古いものである。本書執筆の目的は、せっかく津の国に生まれたのだ

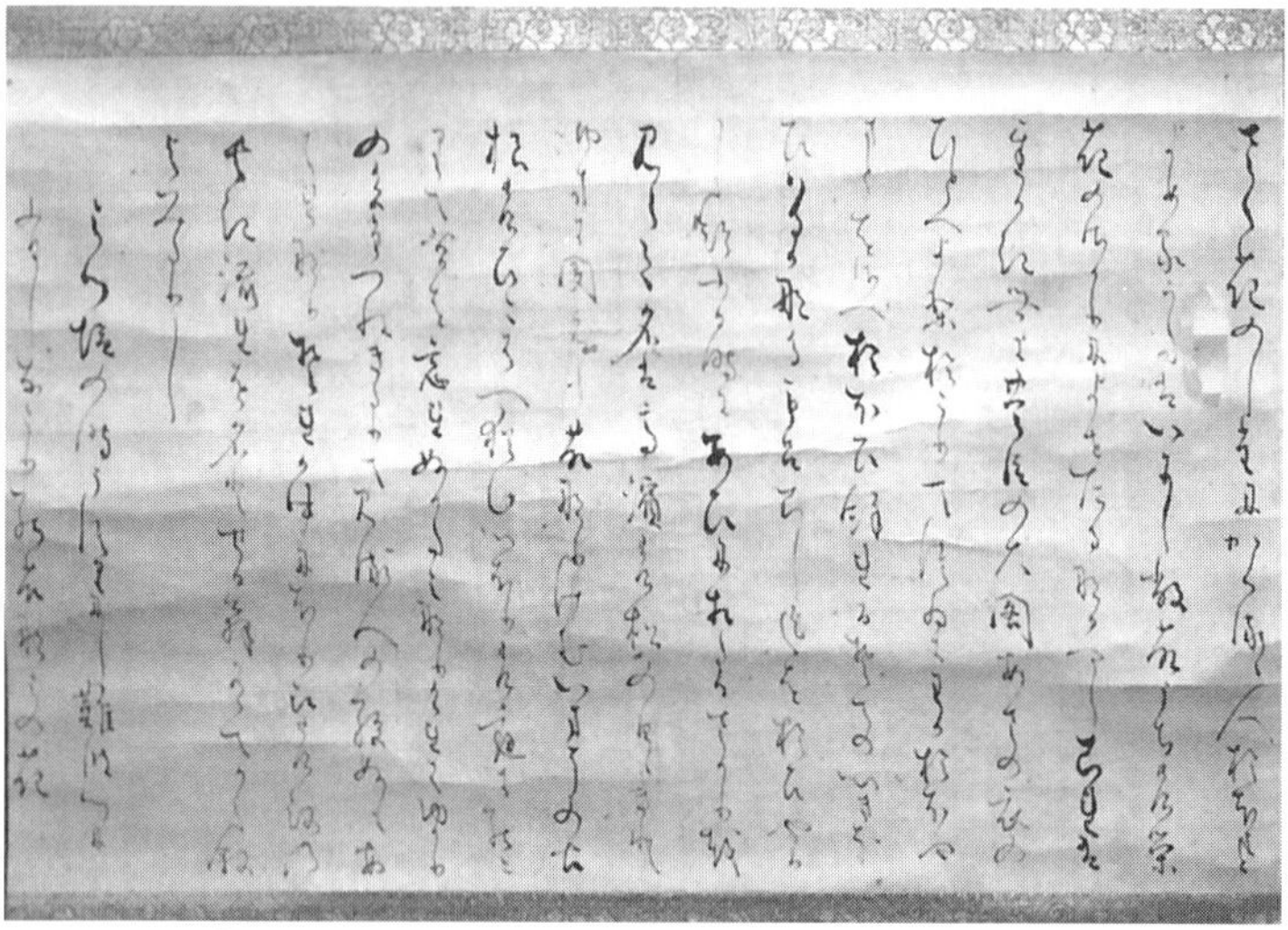

『摂陽群談』に、下河辺長流が藤庵主に贈ったと記録されている『詞書と和歌』（春日神社所蔵）

から、聞き伝えたことを書きしるし古文書をもとにこの国の名所旧跡、神社仏閣のおこりを書きとめることにある。特に「武士の心を和らげるため」に和歌を尊重している。

この種の地誌の出現は、大阪近郊において綿つくりや菜種の栽培などの商業的農業によって裕福な農民層が増え生活にゆとりができてきたことが背景にある。本書が町人出版社から刊行されたことは、そういった豊かな農民層が存在していたことを物語る。

『摂陽群談』の記述に目を戻せば、「野田藤」の説明が僅か二行で残りの長文を下河辺長流の前書きと和歌の紹介にあてていることは、和歌に重点を置いた編集姿勢を反映している。

のだふじに関する二行の記述と、韻を含んだ秀吉のかつての栄光、のだふじと藤氏の全盛期と荒廃した今の姿とのギャップを描いた長流の美文の間に一切の説明がない。思うに、この行間に溪志は、栄華盛衰と人の世のはかなさを描きたかったに違いない。

なお、当時の庵主は、真入でなく九代宗左衛門（法名宗慎、『藤伝記』原本の著者）であった。秀吉によって名付けられた「藤庵」（「藤波庵」とも呼ばれた）は、初代庵主真入にちなんで文禄期以前は「真入庵」と呼ばれていたようである。この誤記は現地へは足を運ばず古文書を取材源としたためと思われる。

長流は『蘆分船』の著者一無軒道冶から野田のふじの由緒や秀吉ふじ見物に関する情報を得て野田を訪問した。その時期は『蘆分船』が世に出た延宝三年と彼の没年貞享三年の期間（一六七五～一六八六）であり、それは『藤伝記』原本が成立した時期と重なっている。長流はこの詞書と和歌を宗左衛門に贈っていることからもわかるように、二人はかなり親密に交遊していたと思われ、その事は『藤伝記』に少なからず影響しているものと想像される。

『藤伝記』成立の陰に、歌学に長じた人物の存在が見え隠れする。なお、長流が藤庵主に与えたという詞書の原本は今も春日神社に伝わる。

なお「藤庵」について『摂津名所図会大成』は『摂陽群談』に真入庵、『蘆分船』に小堂とあって「豊公御休息の古跡とはさらに聞えず、後人尚考ふべし」と疑問を投げかけている。溪志が真入庵とした誤りについては、前述した。

茶屋と藤氏の居宅を兼ねていたと思われる秀吉来訪時の初代「藤庵」は大坂の陣で焼き払われ、その後再建された様であるが、再び寛文二年の大火で焼失した。仮庵が建てられたのは『蘆分船』発行の一一年後の貞享三年のことであり、『蘆分船』に描かれた小堂についてはよくわからない。秀吉遊覧については当時の記録は残っていないが、慶長の頃までは大坂の庶民にとっては、常識であった。長流の書がその故事を今に伝えてくれる。

第六章 「藤野田村」

古跡からの復興

のだふじを一躍有名にしたのは、室町時代の義詮と安土桃山時代の秀吉のふじ見物に関する故事である。前章で述べたようにそれらの故事は江戸時代初期には、ふじと春日神社一帯がすっかり荒れ果て、「古跡の藤屋敷」になったためにほとんど忘れ去られていた。

春日神社が本格的に復興され、本遷宮が行われたのは実におよそ百年後の宝暦一三年（一七六三）のことである。この間にふじは徐々に復活していくが、その長い道のりの一部が一一代宗左衛門の自伝『藤原末流子孫』に残されており、それを垣間見てみよう。

一一代宗左衛門は「先祖藤原の家、開発の家といえども鋤鍬を元とし、井路・川荒所・不益の所を田畑と致し村役、国の教え、天の恵み相守り申すべきこと」をモットーとし、春日神社復興のために一心にはたらいた。

その一つが開帳である。開帳とは、元来の意味は秘仏として平生は参拝できない仏像や宝物を、一

藤之宮開帳の図（『藤原末流子孫』より、春日神社所蔵）

定期間そのとばりを開いて信者に披露するものであり、古くは平安の頃より行われた。近世にはいると全国的に行われるようになり、とくに京都・大坂・江戸・名古屋など大都市では盛大に行われるようになった。

初めは、純粋な宗教的行事として行われたが、しだいに信者たちの奉納金品や賽銭を目当てに行われるようになった。六〇日間を標準とする開帳は、寺社奉行所の許可を必要とした。認可の規準は三三年に一回と定められていたが、必ずしも守られてはいなかったようである。

春日神社においては、神社修復のため約三〇日間のご開帳を宝暦八年（一七五八）と安永五年（一七七六）の少なくとも二回行っている。

また春日神社境内に水茶屋を出させ、ここで「藤なめし田楽」なる食べ物を売らせていた。

遠方から来た旅人が宿泊できるようにこの水茶屋を旅籠としても使った。その他見せ物小屋を出したり、毎年一一月二一日に神楽祭りを興行したりと、今でいう多角経営をしていた。

その一方、村役として庄屋をしていた。野田村の庄屋は昔は一人だったが、この頃は二人になったり三人になったり、他の庄屋が病身になったり身上立ち行かなくなったりして一人に戻ったりであった。

この間、船越場の水路をつくるために下福嶋村領を買い取ったり、船津橋筋道をつくる世話をしたり、新田や新国堤を願い出たが、この完成には三年もかかったようである。

こうして宝暦九年正月二一日、社《やしろ》再建の願いを提出し、同二月一六日滞りなく役所による見分が済んだ。同年七月、京都の吉田家へ参り和泉守という官名と装束など拝領した。

ようやく宝暦一三年（一七六三）、社の普請ができあがり、同三月二一日より同二七日まで念願の正遷宮の行事を行った。

こうして春日神社は小さいながらも新しくなり、その美しさから「藤之宮」と呼ばれるようになる。ここでは毎年、三月二一日から同二七日まで日数七日の神事をつとめた。

この「藤之宮」再興において、地元の豊かな商人米屋（山名）磯兵衛が強力に支援した。郷土の歴史研究家井形正寿氏（福島区歴史研究会事務局長、大塩事件研究会副会長、大開町と松下幸之助に関する事業委員会副会長）らの調査によると、藤之宮遷宮の直後、明和年間（一七六四〜一七七一）に、山名（米屋）磯兵衛が「藤名所春日社」の石碑を建てて道案内とした。この山名碑は大阪府下に一四基も

下の天神社に建つ山名碑
（福島区玉川１丁目４）

建立されたという。

元禄一七年（一七〇四）発行の『新版摂津大坂東西南北町嶋之図』にはのだふじは記載されていないが、享保年間（一七二〇〜一七三〇）には、後で述べるように、九州の商人萬さんがのだふじの種子を山門郡三橋町に持ち帰っていることから、神社の再興に先んじ、ふじそのものは徐々に成長し往時の華やかさを取り戻していったと思われる。

宝暦八年（一七五八）以降に発行された『新撰増補大坂大絵図』には、「野田村・野田の藤」と地図上にものだふじが初めて登場する。さらに寛政九年（一七九七）の『増修大坂指掌図』には「野田村・御坊・円マン寺・春日社・藤名所野田玉川」と書かれており野田のふじとともに圓満寺や春日神社も知名度を上げていく。

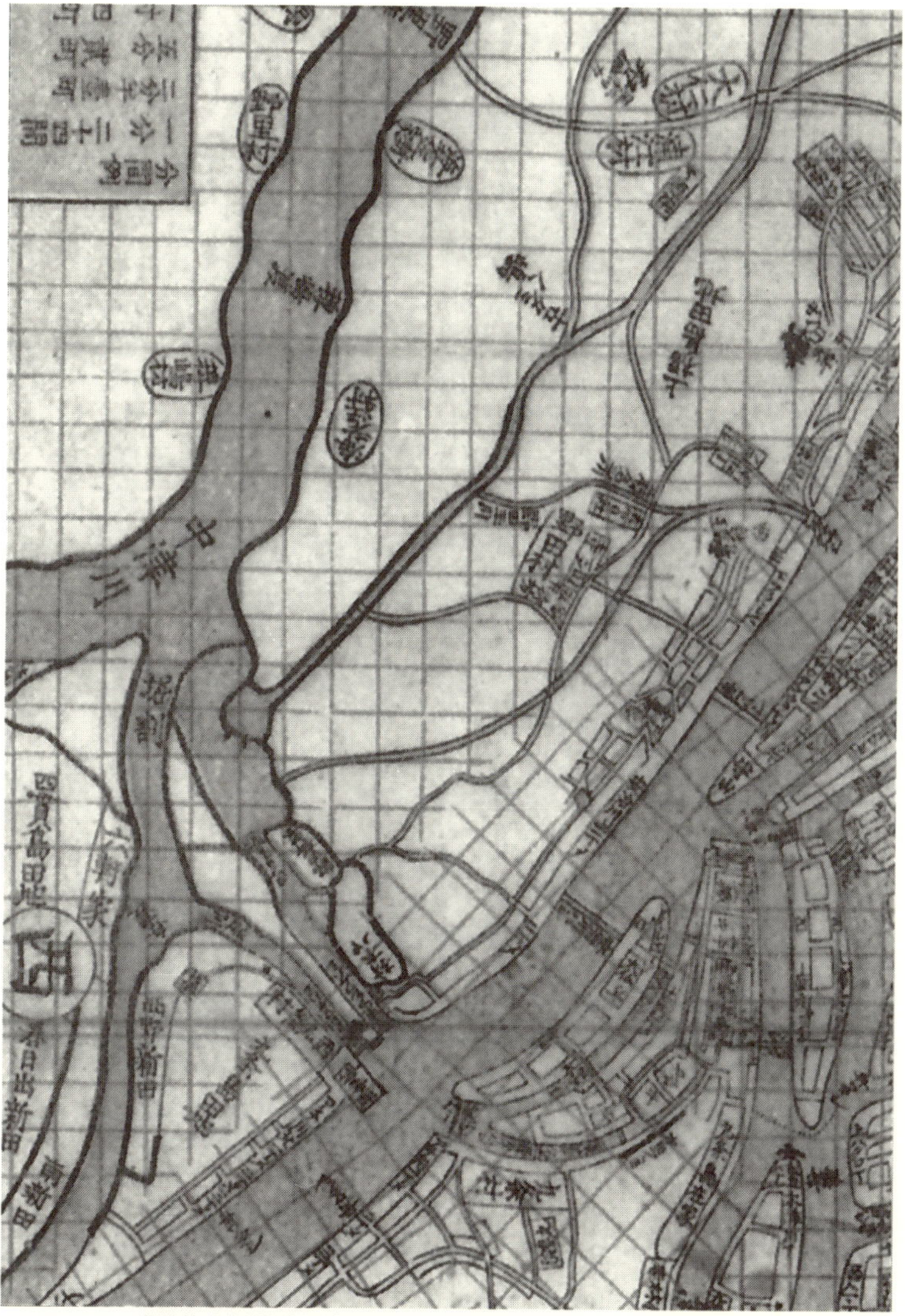

『増修大坂指掌図』野田村・御坊・円マン寺・春日社・
藤名所野田玉川（『野田藤と圓満寺文書』より）

御城代・お奉行のふじ巡見

宝暦八年の開帳の前後に、大坂城代・大坂町奉行もふじ巡見に訪れ、この時宗左衛門は『藤伝記』などを説明していることが『藤原末流子孫』の文書からうかがえる。

一宝暦八寅年三月廿一日から同四月廿五日まで本社修復のため開帳した時、代官内藤十右衛門が、藤記（『藤伝記』のことか）について問いただされたので説明をした。このことは御奉行様の耳にも達し、とうとう藤記代々のことは御代官所へも知れ渡ってしまった。この開帳をしている間には、御城代井上河内守までもお参りになった。このご開帳は大盛況だった。

一天明四辰年三月一九日、御城代戸田因幡守様町奉行様が御入りなし下され候。

一前々より御城代様ならびに、時々御奉行所よりふじ御覧においでになった。

これらの記述から、のだふじの由緒は最初に代官に伝わり、さらに大坂町奉行所にも知られるようになったことがわかる。そして大坂城代までもふじ遊覧に来るようになった。

内藤十右衛門忠尚は宝暦七年から明和七年まで大坂に在任した代官であり、井上河内守正賢は宝暦六年から八年、戸田因幡守忠寛は天明二年から四年に在任した大坂城代であり、各々の在任期間は『藤原末流子孫』に記された野田訪問の時期と一致している。

ふじの季節になると、見物人がふじの枝などを折らないよう監視のために、役所に小者の派遣を依頼し、役所もそれに応じている。

宗左衛門が上級武士を案内する際とその翌日、役所に挨拶におもむく際は、「名所藤主宗左衛門」

御城代・御奉行の藤巡見の絵（『藤原末流子孫』より）

御城代・御奉行の藤巡見の絵（『藤原末流子孫』より）

と書き付け上下《かみしも》に脇差しをおびていた。

代官が代わる毎に宗左衛門は、『名所古跡の藤』にしめす文書を役所に提出し事前に承認を受けた上、詳細説明は『藤伝記』に添って行っていた。

江戸にも知られた野田のふじ

江戸時代も半ばを過ぎると、のだふじは江戸の武士達の間でも有名になり始めた（『藤原末流子孫』）。

天明九年（一七八九）には幕府巡見使備後守、遠藤兵太夫、杉原八左衛門、三宅権十郎がふじ見物に訪れている。

これは宗左衛門ばかりでなく野田村の人々にとっても大変な出来事であっただろう。この時もふじ見物だけでなく『藤伝記』など書物の説明もなされている。

安永二年（一七七三）、下総国関宿藩（千葉県関宿町）藩士池田正樹が玉川を訪れふじを見物した。

閏三月一六日昼時より野田村の藤（白多し）見物す。此所に春日の社あり。また藤のもとに平き青石あり。その表に玉川古跡とあり。高札に御免地歌名所とこれあり（『難波噺』）。

『大坂見聞録』によれば、明和六年（一七六九）一一月関宿藩士池田正樹は、主君久世広明が大坂城代に就任すると、その部下として大坂に赴任した。大坂在任中、史跡、名所、寺社を歩き回り大坂の風聞を書留め、詳細な記録を『難波噺』として後世に残した。

江戸から来た正樹ののだふじに関する情報源は、訪問の一五年前に発行された『新撰増補大坂大絵図』であろうか。この頃、のだふじの噂は江戸まで伝わっていたことを示唆している。

正樹が見た白いふじは、義詮が玉川の池と詠んだ名残の池の辺に咲いていた。今、そこは住宅に囲まれていて、玉川の池の跡と言われる古井戸と「白藤社」と呼ばれている小さな社がぽつんと残っている。

この古井戸の周りをよく探すと、正樹が見た「玉川古跡の石」が、草に覆われて今も存在する。この小社には秀吉のふじ見物の時、曽呂利新左衛門が奉納したと伝えられる弁財天が祀られている。

池の側に残る「玉川古跡」と書かれた石。池田正樹が見た青い石と思われる

一世を風靡した狂歌師蜀山人《しょくさんじん》、昼の顔は幕府役人であった大田南《なん》畝《ぽ》は『蘆の若葉』（享和元年＝一八〇二）に、野田を訪れ次のように書き残した。

亭和辛酉三月廿五日（中略）田のはたに石碑あり。左福島（右なか山・尼崎 左藤名所・舟津橋）右福島とありて、うらに山六十一郎といれり。すなはち左のかたに入れば、門前の木よりして、まづ藤咲かゝれり。門にいりてみるに、木々の末に藤さきかゝりて、紫の雲のごとし。また白き藤あり。これは天文二年巳八月九日、本願寺合戦の時、ここの藤焼き失せたりしが、その実ばえに白き藤咲て、そのふさ長しとぞ。春日社あり。三月廿一日より廿七日まで神楽を奏するという。碑あり。其文にいわく、貞治三年四月、藤波盛のころ、足利将軍義詮公住吉詣のとき、この地へ立ち寄らせ給い、池の姿を玉川となぞらえ、和歌を詠じ給う。住吉詣の記に見えたり。

いにしへのゆかりを今も紫の藤浪かゝる野田の玉川　とあり、

また、大閤御遊覧曾路利由緒庵という碑あり。御辰詠所古跡、藤庵の二字の額あり。みぎりの池は難波江の池の残れる也と縁起にしるせり。かたえに弁才天の宮あり。ある茶屋によりて酒くみぬ。

むらさきのゆかりもあれば旅人の心にかゝる野田の藤波

大田南畝は本名大田直次郎、号は蜀山人、寛延二年(一七四九)、現在の新宿区中野の幕府御徒組屋敷に生まれる。江戸城や将軍の警固を任とする下級武士でお目見得以下であった。薄給のために一家は借財に苦しみその境遇から脱却するため学問の道に精進する。八歳で多賀谷常安について漢学の手ほどきを受け、一五歳の時、江戸六歌仙の一人に数えられた国学者内山賀邸に師事する。明和三年(一七六六)一八歳の時、作詩用語辞典『明詩擢材』を、翌年『寝惚先生文集』を刊行した。これは当時の知識階級であった武士たちの共感を呼び、弱冠一九歳にして時代の寵児となり狂歌仲間の中心人物となっていった。

しかし、南畝の人生に転機がやってくる。天明の大飢饉を初めとして相次ぐ天災や人災に、米価は暴騰し、全国的に起こった打ち壊し騒ぎがやがて江戸にまで広がった。

天明六年（一七八六）白河の藩主松平定信が寛政の改革に乗り出す。定信は祖父吉宗の享保の改革を理想とした政策を次々と施行していった。そのため権勢を誇っていた田沼意次は失脚し、南畝たちの後援者であった田沼一派の旗本土山宗次郎は切腹に処せられた。

文芸活動は厳しく取り締まられ、戯作者は処罰を受けたり、南畝の周辺では係累者続出の有様であったが、南畝は巧みに身を処して何とか無事に乗り切った。

この年を境にして、南畝は文芸界と絶縁してひたすら幕臣とし、恭順な日々を過ごす。

寛政六年（一七九四）四六歳になった南畝は人生の再出発を期して、寛政の改革の一環として取り入れられた幕府の人材登用試験を受験し、お目見得以下で首席をとり、銀一〇枚を拝領するという成績で合格し、支配勘定に抜擢された。

これをきっかけに南畝は見事に豹変し、昼は幕府の能吏として謹厳に仕え、夜は悠々の世界に遊んだ。

こうして幕府官吏としても一流、遊興風流の道でも一流で、文化文政という最も洗練された文化を持った時代を代表する人物とし現世を大いに楽しんだ。

享和元年（一八〇一）大坂銅座に出張した。銅山のことを漢語で「蜀山」というところから、以後

「蜀山人」と号するようになった。

南畝の野田訪問はその翌年である。南畝も正樹と同様に白いふじを見ている。南畝が立ち寄った茶屋とは「藤庵」であったのだろうか。酒豪のこと故、相当に酒を飲んだに違いない。「心にかかる野田の藤波」とふじの美しさと共にその歴史と由緒に後ろ髪を引かれる思いで玉川を後にしている。

花見をしながら酒を飲む……まさになにわの行楽地野田玉川の姿を今に伝える文章である。南畝の頃には野田のふじは江戸の武士にも知られていたことがわかる。

現在の白藤社（玉川２丁目２）

のだふじに関する文書、記録、出版物を時系列的に「江戸時代ののだふじの変遷」として整理した（192頁参照）。
これをよく見ると、江戸時代中頃、野田とのだふじは武家、特に上級武家階級の間で由緒を含めて知られるようになったことがわかる。それまでも野田玉川は景勝の地として庶民一般には知られていたが、上級武家がふじの美しさと共に、史実由緒についても関心を持って野田を訪れるようになるのと前後して、のだふじは地図上にも紹介されるようになり、広く知れわたることになった。
さらに、前述の山名碑建立など地元有力商人の喧伝活動および後に紹介する数々の挿話が生まれ、人々の間で話題を呼んだであろうことも、知名度を上げるのに貢献した。

庶民の行楽地野田村

以上のような経過をたどり、江戸時代中期から後期にかけてののだふじを中心とした野田玉川は再び人々の間に知れわたり、かつての「吉野の桜野田の藤」という言葉も人々の口に上るようになり、野田村は、なにわの庶民の娯楽の場としても賑わった。その繁栄ぶりをいくつか紹介する。
『摂津名所図会』は文禄の頃の秀吉ふじ遊覧を伝えていることは既に紹介したが、江戸時代中期の春日神社とのだふじについて次のように記録している。

春日祠　野田村、林中にあり。当所藤によりて藤原の祖神を祭るならんか
野田藤　春日の林中にあり。むかしより紫藤名高くして、小歌節にも、吉野の桜、野田の藤と唄へり。弥生の花盛りには、遠近ここに来りて幽艶を賞す。茶店、貨食店ところどころに出だして賑ふなり。

新類題
難波潟野田の細江を見わたせば藤浪かかる花の浮橋　西園寺中将公広卿
貞治三年四月、藤浪盛りの頃、足利将軍義詮公、住吉詣のときこの地へ立ち寄らせたまい、池の

『浪花百景』より「野田藤」（大阪城天守閣所蔵）

姿を玉川と准へ和歌を詠じたまふ。『住吉詣の記』に見えたり。
いにしへのゆかりを今も紫のふぢ波かかる野田の玉川　将軍義詮公

（以下略）

『浪花百景』は、江戸時代末期の安政年間（一八五四～一八六〇）頃、大坂の浮世絵師、歌川国員《くにかず》、歌川芳滝、歌川芳雪の合作による錦絵である。大坂市中と近郊の代表的な名所百選で、大坂の江戸時代の原風景というべきものである。この百選に「野田藤」が選ばれた。

上方みやげにふじの種

その頃、地方から上方見物に来た人の中には、「上方土産に野田のふじでも持って帰るか……」と言ったか言わぬかわからないが、ふじの種を故郷へ持ち帰る人もいた。

福岡県山門郡三橋町大字中山の熊野神社には、樹齢二七〇年、立派な大ふじがある。二株一〇本の幹が、地上二メートル付近から四方へうねるように伸び、五百平方メートルの藤棚をビッシリと埋め尽くしている。

昭和五二年四月九日、福岡県指定天然記念物にされている。

この大ふじは享保の頃（一七一六～三六）この地で酒蔵を営む通称「萬さん」という裕福な商人が上方見物に出かけ、高尾の紅葉野田の藤と上方見物の道すがら、野田で見た美しいふじに感動しその種子を持ち帰って植えたものと伝えられている。最初、萬さんは自宅の庭に植えたが、数十年後、四尺ほどの見事な花が咲き出すと酒に酔い刀を抜いて乱暴する武士まで現れたため、熊野神社の社前に

中山の大藤（福岡県山門郡三橋町「中山の大藤保存会」提供）

移した。

元禄七年（一七〇五）に発行された『新版摂津大坂東西南北町嶋之図』には、野田村という地名が書かれているがのだふじはまだ登場していない。前述のように『新撰増補大坂大絵図』（貞享三年）に初めて登場するが、この地図は宝暦八年（一七五八）以後に発行されたとされている。萬さんのふじ見物は、現存する記録に残されている以前に行われたことになり、当時の大坂の庶民にとってのだふじは常識だったことがわかる。

それにしても上方土産の数粒の種が、郷土の人々にこんなに大きな贈り物を残すことになったとは、天国の萬さんは大いに喜んでいることだろう。

参勤交代の途中立ち寄ったなにわの土産に、ふじの苗を持ち帰ったのは四国宇和島藩五代藩主伊達村候《むらのり》公（一七三五〜九四年）である。

宇和伊達家は、有名な伊達政宗の長男秀宗を開祖と

天赦園の大藤（宇和島「伊達文化保存会」提供）

する一〇万石の大名である。

宇和島市の国指定名勝である「天赦園」は、七代藩主宗紀《むねただ》（春山）が隠居の場所として建造した池泉廻遊式の大名庭園で、伊達家の祖先は藤原姓であったことから、園内には多くの藤棚がある。その中で樹齢二百年以上の見事なのだふじは、村候公により持ち帰られ当初は人麿神社に植えられたふじを、後、ここに移植されたようである。

『野田藤と圓満寺文書』によれば、天保五年（一八三四）以降、本願寺側から圓満寺に要望し、それに応えて同寺は五本の苗木を本願寺庭園滴翠園に移植した記録がある。うまく根付かなかったのか、その後伐採されたのか今はそこにない。

本願寺と圓満寺間でやりとりした手紙の一つ『本願寺滴翠園藤芽生え移植一件』を参考史料（g）に載せる。

江戸時代に地方に持ち帰られたのだふじとして現在

残っているのが確かなのは、ここで紹介した二例にすぎないが、圓満寺文書から推定されるように、この他にも何本かのだふじが地方へ移植されたようであり、今後もっと見つかるだろう。

のだふじを守った商人達

かつては野田一帯にかなり広く分布していたのだふじは、江戸時代初期には春日神社の境内にのみ残っており、以後、春日神社と盛衰を共にすることになる。春日神社は元来、藤氏の邸内社であり村の氏神ではないので氏子はおらず、時には篤志家の力によって維持されてきた。ここでは、偶々記録に残っている野田の二人の商人を紹介するが、春日神社と共にのだふじを守ってきたのはこの二人にとどまるわけではなく、時代時代で地元の有志によって守られてきた。

名田屋利兵衛の事跡は『第一西野田郷土史』に記録されており、戦前までは春日神社に「藤名所」と刻んだ大きな石碑があった。その石碑の横には「なたや利兵衛建之」の八字がくっきり刻まれており、後ろに寛永一四年丑年（一六三七）とか宝暦一三年米屋磯兵衛の記が摩滅した碑面から読みとられた。

話は今から約二百八〇年前に遡る。大阪靱町に名田屋利兵衛と云う相当な雑魚と肥料の問屋があった。利兵衛は時々近所の人々や家族の者と共に野田の名所影藤に一日の清遊を試みてゐた。信心深い彼は其の都度、域内にある春日明神の参拝を忘れなかった。処がいつの間にか彼の野田行きの目的は藤よりもむしろ春日明神になってゐた。そして彼の信心が深まるに従って家運は益々隆昌になっていった。

たまたま彼の目に映ったものは風雨に痛めつけられた社殿であった。信仰心の燃え熾ってゐる彼は独力社殿の改築を誓った。それから数年の後、立派に出来上がった春日明神社殿は、一層近在の人の崇拝の的となっていった。

名田屋利兵衛は、大坂冬の陣で焼き払われていた春日神社を再建した。残念ながら再建された春日神社は、二〇年後に再び火災により廃墟となった。戦前の春日神社の写真をよく見ると、社殿の左側にその石碑が見える。現在、西区靱町在住の名田美幸さんは、初代利兵衛からかぞえて一四代目に当たる。

戦前の春日神社。中央が名田屋利兵衛の石碑

米屋磯兵衛についても同書に記録されている。米屋は屋号で実名は山名であった。

時代はこれより百年の後、宝暦年間に下る。初代利兵衛によって新たに築かれた社殿もいつしか荒れ果ててしまった。そしてこれが改築を思い立ったのが米屋磯兵衛である。磯兵衛はもと名田屋方に雇われていたが独立して一家をなしていた。彼は荒れ果てた社殿を見、主家の初代の功を思って改築を決意し宝暦一三年これが完成を見た。

米屋磯兵衛の子孫は現今の戎神社の前に明治時代まで住んでいたさうであるが遺跡は残っていない。

一方一一代宗左衛門は、官名を和泉守藤原延敏と称し享保一五年（一七三〇）に生まれた。母は久宝寺村の安井家（道頓堀を開削した安井道卜《どうぼく》の家系）の出身である。日向藩の蔵屋敷から汲月なる者を家に迎え師として学ぶ。野田村の庄屋を勤め、若年の頃は圓満寺の寺号取得に奔走した。二六歳で浦江村羽間弥左衛門娘お京を妻に迎える。この人物の事跡については既に文中で記した。代官青木楠五郎借金の一件で、近隣の村々の庄屋役を代表して江戸表に出頭し無事に役目を果たした。

宗左衛門は、文化四年（一八〇七）生涯をとじた。享年七四歳。法名藤庵。

青木の事件については、次のように記録されている。

天明七未年十一月、青木一件につき江戸表へ召し出され、そのほう御陣屋続き、年来の庄屋役御下し一統呼び寄せ候ては、村々難儀に付き惣代にて呼び寄せ、青木借金の事存知居り候分申すべしと仰せられ、おたずねの通り相い申し上げそのまま相い済み江戸十二月出立、伊勢にて年越しめでたく正月六日、帰国いたし候事（『藤原末流子孫』）。

なお、代官青木楠五郎は、貢銀をしばしば私用につかい、これをつぐなうため村々より用金を出させあるいは租税を先納させたりしたが、遂に借金が多くなった。在職二〇年におよびすべて仕事を配下のものにまかせ、その会計をわきまえずかかる始末におよぶこと未熟の至りと厳しく咎められ、天明八年六月四日八丈島に遠流された。当時の代官の職務怠慢や不正に対する処罰は厳しく、罷免、遠島さらに切腹もあった。

この宗左衛門の父一〇代宗左衛門宗信が六六歳の時の自画像が今に伝わる。

釈宗信年六十六才
我人の善悪を語らず自心にて済ます

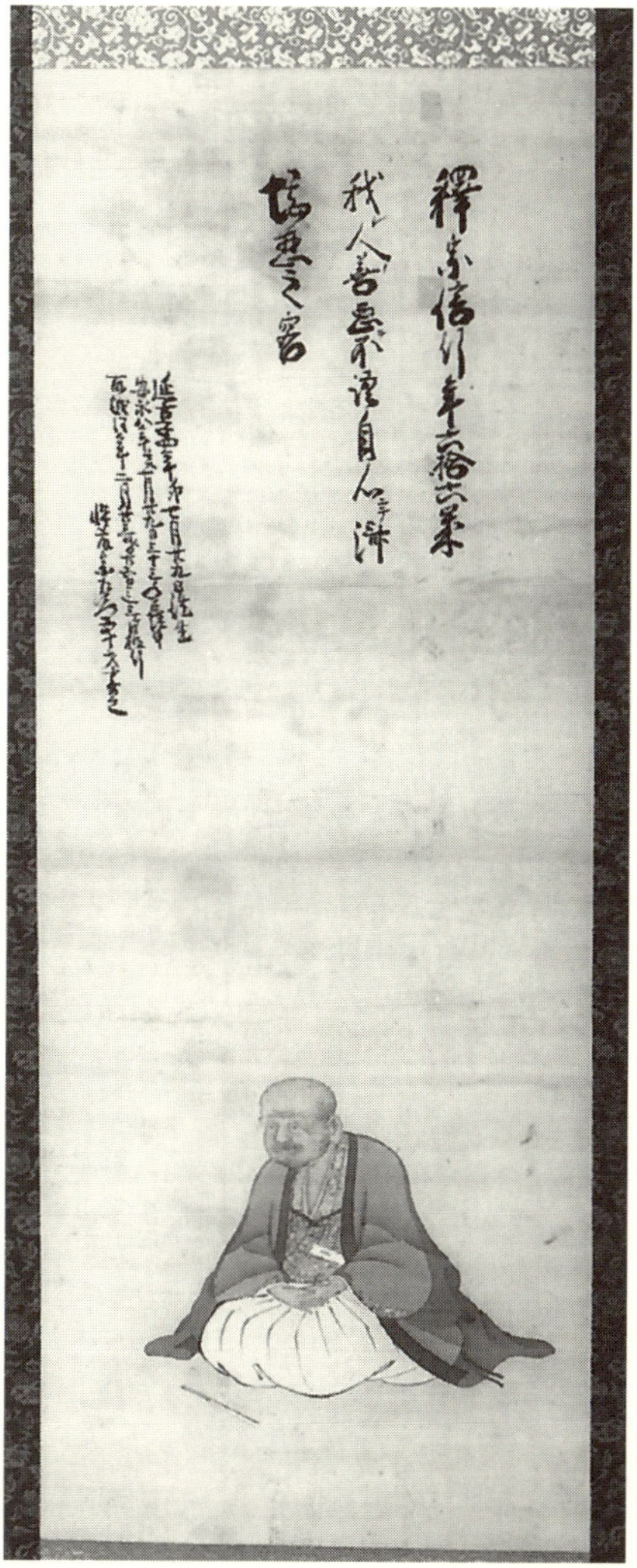

十代宗左衛門自画像（春日神社所蔵）

悪に堪え之を容れる

延享四年卯七月廿九日往生

安永八年亥七月廿九日三十三年忌法事

取越同年二月廿三日より廿六日迄三ケ日極行

倅藤宗左衛門五十才之を書く

人の善し悪しについては何も云わず、自分の心で済まし、悪にじっと堪えこれを受け入れている自分の姿であると書き、これに一一代宗左衛門藤庵が五〇歳の時、父の三十三回忌の法事を行い、あとの三行の筆を入れたものである。

のだふじにまつわる挿話

のだふじや春日神社に関連して、様々な挿話が生まれた。これら挿話が話題を呼びのだふじを有名にする一助となったことは言うまでもない。これらは戦前まで残っており、今は失われたが、大阪市立玉川小学校発行『玉川百年のあゆみ』や『第一西野田郷土史』などに記録されている。

なお玉川稲荷伝説は第五章で古跡となった春日神社境内に出没していた狐に関する伝説である。

（『玉川百年のあゆみ』）

玉川稲荷伝説

この稲荷は、春日神社の境内にあった。西園寺公経公が、領内の百姓守護のため勧請して祀られたものと伝えられる。

寛文四年（一六六四）二月、いつの頃よりか春日明神境内に年老いた夫婦の狐と一匹の娘狐とが住んでいた。藤家の人々は、狐を大変かわいがり食べ物をあたえていたので、家人に慣れ親しんでいた。家人は、あまりの可愛さに娘狐を「松のをしげ」と名づけ一層可愛がっていた。

或年の秋も半ば過ぎ、屋敷を囲む庭の木々の日一日と紅葉し、松の緑に一層色映えて美しい頃、

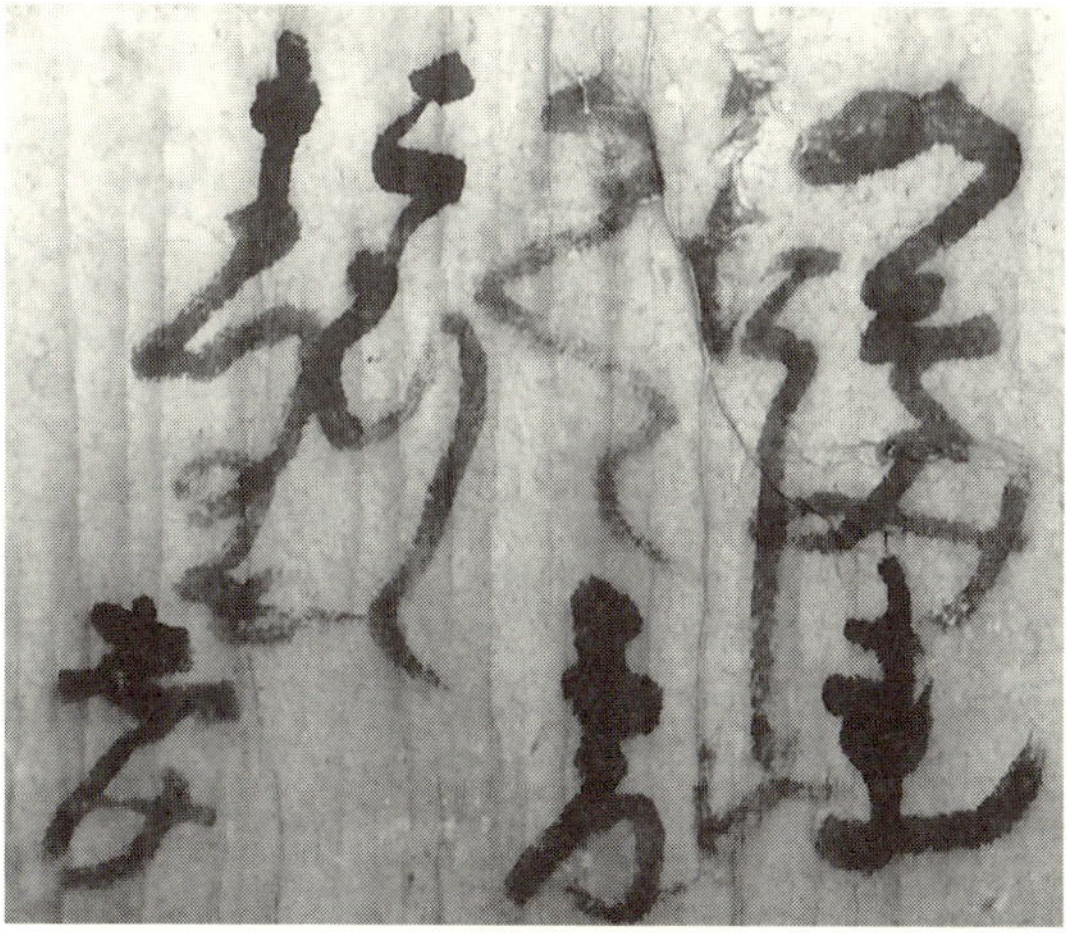

（伝）『狐の置き手紙』（春日神社所蔵）

藤家の主人が夜の更けるのも忘れて、書見していると、ホトホトと雨戸をうつ音が二三度続いた。不思議に思って雨戸を開いたが、変わったことはなかった。寝ようと思って戸をしめ寝所へ行くと、また、雨戸を叩く音がしたので小窓から闇を透して見ると、蓑笠をつけた一農夫が頭を下げている。主人が声をかけると、時雨の闇に人業とも思えぬ敏捷さで姿を消してしまった。しかもこの時、いつになく淋しい狐の啼き声が続いて起った。

翌朝主人は自ら稲荷に行って見ると、狐の姿は見えなかった。不思議に思いながら、ふと社前を見ると、そこに水引で結んだ紙包みが置いてあった。何気なくひらいて見ると、雨にぬれた所があって判じ

難いが、署名ははっきりと「松のをしげ」とあった。本文を読解しようとよく見ると「のぞみ□□かたしけなくてよろこびてまつのを志げ」とあるからは、何か望んでいたことでも達することができて、非常に喜びなからこの土地を去っていったものに違いないと思った。

その時、村人が三人来て、昨夜の見事な狐の嫁入の話をはじめた。藤家の主人は大変感動しながら、動物でさえ、恩に感じ、感謝の気持で別れを告げに来たか、この置手紙も自分の尾で書いたものにちがいないと、家宝としたと伝えられる。

（『第一西野田郷土史』）

辨才天伝説

足利尊氏の子義詮が難波紀行の途、野田に立ち寄り紫藤の眺めを心ゆくばかり楽しんだ時、

古へのゆかりを今も紫の藤波かゝる野田の玉川

と詠んだことは既に史実として有名な話である。この義詮が難波紀行を決心した夜のことであった。侍臣を退けて独り静かに書見にふけってゐた。勿論その書は難波紀行の手引とも云ふべき、歌書や軍書、名所図絵の如きものであった。興が湧いてくるまゝに夜を更かしてしまったが、不思議なことにその夜は少しも眠くならない。しかも頭は冴えてくるばかりであった。

やがて読書に熱中してゐた義詮は物の怪でもついたかの様につと立ち上って、侍臣も呼ばず庭へ出た。折から弥生半ばのこと丶て庭の木々は美しい月に淡く照らし出されて何とも言へぬ風情を持っている。うっとりと眺めていた義詮は、やがて非常な不思議を発見した。

それは現在彼自らが立っている庭の様子が、全然館の庭の趣を異にしてゐるといふことである。

影藤の図（『玉川百年の歩み』大阪市立玉川小学校発行より）

しかもその不思議が少しも不安な感じを起させないばかりでなく一層懐かしくさえ思はれるのであった。その不思議な風景といふのは斯うであった。庭の中央少し左寄りに朧月一杯うけて玉の様に美しく照り映えてゐる池があって、その池を囲って老木若木をとり交へた藤が、邊りの木立にまつはり絡んで、しかも三尺四尺もあらうと言う房々とした紫の花を下げてゐるではないか。勿論しかとは見定め難かったとはいへ、古びた社祠も二三夢の如く鎮座ましまし、千代の常盤を誇る松の大樹、楠の老樹も空を狭めて生ひ茂ってゐる。不思議はそれ許りではなかった。折から何処よりとも知れぬ芳香が漂って来たかと思ふ間もなく、妙なる管弦の音が義詮の魂を奪ってしまふかの様にゆるやかに美しいメロディーを奏で初めた。

しかし義詮は既に魂を奪はれてしまってゐるのか、この不思議を不思議とも思へない様子で、うっとりとその場に立ち続けてゐるのであった。

やがてその池の中心と思しき邊より、この世の人とは勿論想像さえも出来ぬ、神々しい女神が現はれて池上をさも愉快さうに舞ひ舞ひて藤棚の下に到り、やをら眼を見聞いた女神は、そこに茫然と立ってゐた義詮を無言の中にさしまねいて、この地の景は羨望の限りだとの御意の如く、眼を輝かし美はしい身振りを示された。

この時であった。何処か遠い所で鶏の刻を告ぐる第一声が、邊りの静けさを破って、かん高く起った。ハッと思った義詮の前にはもう先程の淡い景色も、女神も消えてしまって、現実の館の庭に朝露にしっとりぬれたまゝつゝ立ってゐる自分自身の姿を見出だしたのみであった。

義詮はこの不思議を誰にも語らず、心に適ふ侍臣を連れて難波紀行の途についたのは、それから凡そ一ヶ月の卯月上旬の頃であった。泊まり重ねて義詮一行は野田の里へ着いた。義詮は心に期する所があったのか、落着く間もなく藤の名所見物に出かけた。

勿論義詮の感銘は筆舌につくし得ぬ程深刻なものであった。侍臣に命じて早々日頃信ずる弁財天をこの池のあたりに祀ることにした。

これが今日春日明神境内に残り、藤家始め多くの人々の信仰をあつめて鎮座まします市杵島姫大明神である。

影藤伝説は、江戸時代はかなり有名だったようで、次のように伝わる。（『玉川百年のあゆみ』）

天文二年八月の兵火で、名勝の地玉川の藤も、證如上人をおかくまいしたという、藤家の邸宅も焼失したが、その後わずかに残った藤のひこばえは見事な生長を見せ始めた。この頃藤家の邸宅の復興も成った。ある朝家人が雨戸を開けようとして障子を見ると、不思議なことに、そこに紫藤の影が見事に写って、兵火で焼ける前の美観そのままであった。さっそく家人を集め、近所の人々を呼んで見せたが、一同ただただ不思議がるばかりだった。

その時、一人の老人が、「これは全く證如上人様が残して下さったのだ。上人が紀州へ落ちられる舟の中で、何度も何度も『自分が一身の危難を遁れようとこの地に来たため、由緒深い紫藤をあのように痛めてしまった。まことに残念なことをした』とおなげきになり、うわごとのように『せめて、影なりと残せるものなら……』とおっしゃっていたが……ああ本当にこれは上人様がお残し下さったのだ、有難いことだ」と言って感激してひれふしてしまったと言い伝えられる。元資という人、この影藤を見ていたく感動したものとみえて次の歌を残している。

神代のゆかりを今も紫のかはらぬやどの影の藤浪

『野田藤と圓満寺文書』によれば、紀州藩主が上坂するに際し、お供のご家中の中に藤屋敷の「藤うつり」の話を聞きおよび、内々に拝見したいので圓満寺の方から斡旋していただけないかと丁重に依頼する手紙が見つかった。この手紙の読み下し文を参考史料（h）に掲載する。

この手紙には年号がないが、愛媛大学内田九州男教授の調査によれば天保五年（一八三四）以降のものである。

この文書は、影藤は別名を「藤うつり」ともいわれたこと、影藤伝説は遠く紀州まで知られていたことを今に伝える。

なお、影藤とは日光の具合で戸の節穴より庭の樹が障子に写る、他愛のない現象であったらしい。

村人の誇り「藤野田村」

野田付近は、平安時代は野田州と、鎌倉時代には野田郷と、室町時代になって野田村と呼ばれるようになった。海浜に近く漁業が盛んで、もともと難波浦の漁師とは野田村の漁師のことであった。

現在の影藤社（玉川２丁目１）

野田在住の漁業史研究家酒井亮介氏の「野田村の漁業」（『大阪春秋』）によると、文化年間に近郊の五カ村、即ち、野田村・九條村・難波村・大野村・福村の漁師で「漁師方五ケ村組合」を結成したが、野田村はその筆頭であった。

往古から江戸時代にかけての野田の漁師の旺盛な活躍ぶりが、「摂州西成郡漁師方五ケ村組合」の『乍恐口上』に、次のように記録されている（野村豊著『漁村の研究』）。

野田の漁師は、南北朝初期に北朝の光厳天皇が摂津吹田に行幸したとき、御膳用魚介類を用立てた。

義詮の難波紀行でのだふじを見物した後、住吉大社に参拝する際、野田の漁師が水夫を買ってでた。

「本願寺騒動」で證如上人を漁船に乗せ木津川の葭の中に忍ばせ、軍勢の目から上人を守った。秀吉が大坂城を築城した際、石の調達を命ぜられ野田村の漁師は滞りなく石を送り、その功績により大阪の浜々への自由荷物積み付けの極印をいただいた。これを上荷舟と唱え、当時は木津川千乗、野田川万乗といい、川口に問屋もあり漁労第一に稼いでいた。

しかしその後、新田付き州等ができてから水運が悪くなった。さらに貞享元年（一六八四）、安治川新堀が付け替えられ、野田川もなくなってしまった。新規漁師も増え海上の争いも絶えなくなってきたが、その間も毎年、運上銀を差し上げ続けた。

この様な経過をたどり、盛んであった野田村の漁業は少しずつ衰え、江戸時代後半になると農業が中心になっていったが、秋間漁といって農閑期には沖へ漁に出かける習慣は明治に至るまで続いた。『村差出明細帳』によると、石高千二百三十石六升五合、屋敷が五九一軒、人口二一九五名、尿取船三百艘、船五十一艘を所有していた。内三五隻は一隻につき銀六匁を毎年運上していた。

村高の割に、人口が多いのは五ケ村組合の文書にあるように、漁業と諸国からの回船の積み荷の上げ下ろしをする上荷船の従事者が多かったためである。

昭和五二年、圓満寺で建物の改装工事を行った際、床下から五千点におよぶ江戸時代後期の近世古文書が見つかった。すでに紹介した二通の圓満寺文書はその一部である。

これらを調査した結果、野田村のことを「藤野田村」と書かれた文書が三二例見つかった。この呼び方は文政四年（一八二一）から慶応二年（一八六六）の四五年間にわたって、宗旨送り状などに使われていた。

もともとは、野田村の住民が自らの村の名前を「藤野田村」と称していたのが、徐々に先方の村からの送り状にも「藤野田村」と書かれるようになったらしい。その範囲は、江戸、安芸の倉橋島など広範囲におよんでいる。

ふじの花の名前に「野田」という地名をかぶせ、後、村の名前に「藤」をかぶせたことになる。それほど村人はふじを誇りにしていたし、また野田がふじの名所であることが、自然な形で庶民の間に広く認識されていたことを示す文書である。

「藤野田村」と書かれた書状の一例として、福山の百姓長左衛門の娘もんが、福島村の八百屋利右衛門方へ嫁いだ際、福山領沼隈郡田島村の善正寺が、圓満寺にあてた宗旨送り状を参考史料（i）に掲載した。

なお「藤野田村」は、公文書には見あたらず、あくまでも民間で愛称として使われていたようである。

江戸時代末期、野田村は浄土真宗の強い信仰と美しいふじで結ばれた、素朴な半農半漁のコミュニティーを形作っていた。

しかし、それはガラスのようにもろく壊れやすい共同社会であったので、明治時代以降の近代化の流れの中で簡単に忘れられ圓満寺文書の中にのみ生き残った。

江戸時代中期の野田村の概要を理解しやすいよう、『漁村の研究』に記された宝暦一〇年の「村差出明細帳」の一部を参考史料（ⅰ）に示す。

第七章　みやびの世界へのいざない

歌枕の世界とふじ

聖徳学園岐阜教育大学教育学部安田徳子教授著『中世和歌研究』をもとに、『藤伝記』や春日神社に残された主なふじの詠歌について考証した。

一般的に和歌には詠まれた状況から大きく分けて、実際にその場にいて詠む「実詠」と、例えば春夏秋冬などをテーマとして自分が実際にはいない情景を詠む「題詠」に分かれる。

古く『万葉集』の時代の歌はほぼすべて前者であるのに対して、延喜五年（九〇五）に成立した『古今和歌集』の頃から後者が主流になっていった。

平安朝の貴族にとって熊野詣や住吉詣など特別な行事は別として、実際に旅をする機会はなかなか巡ってこなかった。退屈な日々から、未だ見ぬ遠い想像の世界にワープさせてくれる便利なツールが「歌枕」であった。

この歌枕は諸国の名所や枕詞を集めた和歌便覧のようなものであったが、『摂津名所図会』でふれたように、平安時代末期以降江戸時代に至るまで、和歌に詠まれる名所の地名を指すようになった。

大阪市内の歌枕とは、難波・難波江・難波潟・堀江・長柄橋・田簑島・渡辺大江等々で（『新修大阪市史』）、いつの頃からか定かではないが、「野田の藤」「野田の玉川」「野田の藤浪」「野田の藤が枝」等も歌枕として使われるようになった。

以上の認識に立って、のだふじの詠み歌を振り返ってみよう。

歌が詠まれた状況がわかりやすいのは、それについて説明した詞書が添えられている、例えば義詮の「紫の雲をやといはむ……」や長流の「ミつ塩の時うつりにし……」の歌である。紀行文や前書きの詞書から見て、これらは野田のふじの側にたたずんで詠んだ実詠であると思われる。

一方、宗良親王の「いかはかりふかき江なれハ……」は、吉野の内裏で詠んだ、「江藤」を題材とする題詠である。題詠であるからといって歌枕に使われた難波江のふじの価値を低めるものではなく、それだけ遠くの人にも野田の風景とふじが知られていたことを示す証拠である。

実は、この歌が「詠人不知」になったのには、次のような背景がある。

南北朝時代、北朝と南朝は別々に歌集を編纂しており、互いに相手方の歌人の詠み歌を採用しなかったため、本名では北朝方の歌集に載るチャンスはないので、宗良はあえて「詠人不知」の歌としたのである。このことに、名は残らなくても歌だけは後世に残したいという、当時の歌人の執念のようなものを感じる。

余談になるが、先に『源平盛衰記』に名所玉川の里について記した薩摩守忠度《ただのり》の、次の有名な故事を思いおこさせる。

忠度は源氏に追われ京の都を落ちるに際し、途中から引き返し歌人である藤原俊成邸を訪れる。俊成はこのころ、後白河法皇の命により『千載和歌集』の編纂に取りかかっていた。忠度は懐から一綴りの帖を取り出すと、形見として俊成に手渡した。

「千載和歌集」の「詠人不知」の次の歌は、俊成によって選ばれた忠度の歌であるが、朝敵平氏の名で載せるわけにはいかなかったのである。


さざなみや志賀の都はあれにしを昔ながらの山桜かな

俊成の子、定家は「新勅撰集」を編纂するに際し、薩摩守忠度と実名で再録した。

なお忠度は、一ノ谷の合戦で武蔵国の住人岡部六弥太忠澄と戦い壮烈な最期を遂げる。

閑話休題して、公経の「難波潟野田の細江を……」の歌は詠まれた状況がよくわからないが、題詠か実詠かのいずれにしても「野田の細江」という実際にそこに立った人でないと詠めない具体的な表現が使われている。吹田に別邸を所有する西園寺一族は、春になると野田を船で訪れており、野田のふじは比較的身近な存在であったと思われる。

『藤伝記』で野田のふじを詠んだ歌とされる一条院別当公実の「なつかしきいもか衣の……」、冷泉為影の「なかめやる難波入江の夕なミに……」、霊元院法皇の「咲わかつくる、なにハの江の……」などの歌は題詠あるいは次に述べる屏風歌であろうとの印象を受ける。

京都の貴族にとって野田玉川は当時の交通事情に鑑みてはるかに遠く、人伝に噂を聞いたり屏風絵で見たり歌枕で想像するだけの世界であった。

「花の浮橋」から「ありし名残の藤波の花」

ふじは上代以来季節を感じさせる素材として使われてきたが、上代においては初夏の花としてほとぎすなどと共に詠じられていた。

それが平安期になると晩春の花として送春や惜春の花としてのイメージが強くなり、歌集において藤詠は必ず春下巻の末尾近くに、山吹などと共に桜が散った後の晩春の素材として配された。平安末期以降、初春の歌は王朝の華やかさを、晩春の歌は政権を武士に取って代わられた貴族階級の現実を重ねていた。

松と「むらさき」とふじの組み合わせは『古今集』には未だ見られず、一一世紀初頭に花山院により選定された『拾遺集』以後、即ち、平安末期のことであるという。

ただし、松に絡まったふじを詠んだ歌の大部分は、実際の光景を詠んだ歌ではなく、屏風に描かれた「松に這い上がってくる藤」の絵を見て詠まれたという。水辺のふじも同じように大部分が屏風歌なのである。

宗良親王の歌は「春歌」二百首の一八七番目に他の六首のふじの詠歌と共に載せられ当時の伝統的配列に従っている。

この歌は難波江の松に揺れるふじの叙景に託して、松（＝天皇）のみがふじ（＝藤原氏）を揺れ動かす、即ち父後醍醐天皇が理想としていた天皇親政の時代を願う寓意を込めている。これは次のことから理解できる。

平安後期以降のふじの詠み歌には、純粋な叙景歌よりも次のような寓意性の強い歌が、主流となった。

末が枝にかかるよりはや十かへりの花とぞさける春の藤波（足利義満）

春の日ののどけき山の松が枝に千世もとかかる北の藤波（二条良基）

第一章の公経と春日明神勧請で引用した公脩の「咲きましる……十かえりかゝる池の藤浪」は、松（天皇家）の木にいっぱい花が咲いているのではないかと思えるほどに、一〇代にもわたって咲くふじ（藤原氏＝西園寺氏）が池に映ってとても美しい、といった西国寺一族の繁栄をふじに託して詠んだ歌である。

公経が一面に木から木へと咲きわたるふじを、「花の浮橋」と形容したのは公経の創作ではないかと思われる。関東申次の地位にあって、京都の朝廷の一員でありながら巧みに鎌倉幕府に接近し、ついに朝廷内で並ぶもののない地位を得たことを高らかに歌い上げているのである。

これら二首の歌は、武家に政権が奪われた鎌倉時代にあっても、依然として絶大な権勢を維持し続け我が世の春を謳歌した、西園寺一族の自信に満ちた詠み歌なのである。

義詮難波紀行の「紫の雲」の表現は、『拾遺集』にみられる次のような歌の影響を受けていると思われる。

皇太后宮権大夫国章
ふじの花宮の内には紫のくもかとのみぞあやまたれける

右衛門督公任
紫の雲をとぞ見ゆる藤の花いかなるやどのしるしなるらん

ここで「紫の雲」は「紫のふじ」を意味している。ふじの花が「むらさき」と詠み始められたのは平安時代中頃以降であり、これは漢語の「紫藤」を日本語化した表現であり、「シナフジ」というふじの種類を指すのでない。

この表現は白楽天の詩

三月三〇日　慈恩寺に題す
慈恩春色今朝尽　尽日徘徊倚㆓寺門紫㆒
惆悵春帰留不㆑得　紫藤花下漸黄昏
（『白楽天詩集』巻一六　湖上間望）

を「紫藤」の詠として理解されたことによる。この詠歌の日付が三月三〇日であることから、この後ふじは晩春の花になった。

紫雲は視覚的な紫色の雲ではなく「天子・聖人・神仙の居る時にたなびく瑞雲《ずいうん》」（『新漢和辞典』）で瑞兆を示す。これが「野にも山にもはいぞかかれる」即ち、あまねく日本中を覆い尽くすことを意味し、義詮が南朝との争乱が終わり室町幕府の力が日本中におよび、平和な時代が来ることを願った歌である。この場合のふじは、瑞雲を呼びこむ縁起の良い花として捉えるべきである。

義詮が春日神社に奉納した「いにしえのゆかりを今も紫の……」の歌は、前述のように能因法師の歌枕を伏線に紫とふじを詠み込み、それにいにしえの藤原氏の栄華を重ね、平安末期以来の伝統的な藤詠の技法を駆使した、歌人としての義詮の面目躍如たる詠歌である。

ふじは日本古来の花で各地に自生しているにもかかわらず、万葉の時代は「多胡の浦」、平安期以降は「春日山」「住吉」「み吉野の大川の辺り」など限定された地名しかでてこない。自然の風景として実景を詠んだ歌はほとんど見られないのである。

この意味で義詮や長流の歌のように、地名を詠み込みかつ実詠のふじの歌は稀少な存在であると言える。

またしばしば「藤波」または「藤浪」と詠まれるが、これは長く垂れたふじの花房を波に見立てている。藤浪を波のようにゆらせるのは風であるから、風と共に詠まれることが多い。

長流の「ミつ塩の時うつりにし難波津にありしなこりの藤なみの花」は、上の句で潮の干満の繰り返しに悠久の時の経過に思いをはせつつ、下の句で古跡となったふじと藤原末流藤氏のかつての栄華をしのぶ意味を込めている。この時「藤なみ」という言葉を介して、間接的にふじを詠むところに長流の品格を感じさせる。

この歌は長流の筆と思われる書軸においてすでに紹介したが、『藤伝記』第二八に最後の和歌として掲載されている。

ふじに彩られたみやびの里は、鎌倉時代初期に公経の「花の浮橋」で始まり、長流の頃には古跡となってしまった。長流の詠歌は、その四百余年の歴史の最後を飾るにふさわしい格調高いみやびの里の鎮魂歌なのである。

長流訪問の数十年後ふじは復興したが、それはもはやかつての野田玉川一帯に広がるみやびの里ではなく、わずか二反八畝一二歩の「名所藤屋敷」内の神社や茶店に囲まれた庶民の行楽の場に生まれかわっていた。

庶民をいざなう野田のふじ

平安時代には、貴族階級の四天王寺、住吉、さらに遠くの熊野詣は、貴族の楽しみの一つであった。その風習は鎌倉時代から室町時代にも受け継がれた。

義詮住吉詣でもわかるように、その参詣経路は、京都―（陸路）―淀―（船）―江口（泊）―長柄―難波の浦―（陸路または船）―四天王寺―住吉（泊）で、難波津、即ち、現在の天満橋から天神橋付近はその中継点で、そこから近い野田玉川にもふじの季節には貴族達は立ち寄り和歌を詠んだことだろう。この様に、その頃までは野田玉川付近は貴族の遊行地であったと思われる。

戦国時代が終わり、江戸時代に再び平和が戻ってくるにつれて野田玉川付近は行楽の地になっていった。娯楽はもはやかつての貴族階級の独占ではなく、経済的にも豊かになった庶民の手の届くものになっていた。野田玉川における行楽の中心は、ふじと一面の菜の花畑であった。

大坂在住の風流人に混じり、遠く江戸から大坂にやって来た当時の知識階級である武士や、京都からは平安時代以来、みやびの世界を綿々と受け継いできた貴族が春日神社に詠み歌を残した。

この春日神社は、みやびの里の面影をとどめるためか、和歌御祈願所とされていた。そこには狩野常信筆による三六歌仙の色紙が保存されており「藤庵」と呼ばれた庵の座敷の襖に張られ、和歌御祈願所の雰囲気を醸し出していた。そしてご開帳に際しては一般に公開され、かつてのみやびの名残を庶民も楽しむことができた。今は屏風仕立にして保存されている。

狩野常信筆三六歌仙は、一式揃っているのは数少なく、江戸時代前期の貴重な文化財である。

三六歌仙とは、柿本人麿、紀貫之、凡河内躬恒《おうしこうちのみつね》、伊勢、大伴家持、山辺赤人、在原業平、僧正遍昭、素性《そせい》法師、紀友則、猿丸大夫《さるまろのたいふ》、小野小町、藤原兼輔《ふじわらのかねすけ》、藤原朝忠、藤原敦忠、藤原高光、源公忠、壬生忠岑《みぶのただみね》、斎宮女御《さいくうにょうご》、大中臣頼基、藤原敏行、源重之、源宗于《みなもとのむねゆき》、源信明、藤原清正、源順、藤原興風《ふじわらのおきかぜ》、清原元輔、坂上是則、藤原元真、小大君、藤原仲文、大中臣能宣《おおなかとみのよしのぶ》、壬生忠見《みぶのただみ》、平兼盛、中務《なかつかさ》のことであり藤原公任《ふじわらのきんとう》が選んだ。

狩野常信（一六三六～一七一三）は、狩野探幽の弟、尚信の子で右近という。慶安三年（一六五〇）に父の跡をついで表絵師となり、ついで入道して養朴、古川と号し、宝永六年（一七〇九）法印に叙せられる。非常な努力家で探幽以来の諸狩野様式を集大成して、探幽画風よりもさらに当時の時代相に合うように変化させた。木挽町狩野家の地位を高め、さらに以後の狩野派はこの常信の画風の上に立っている。元信、永徳、探幽と並んだ狩野派の四大家に属する。

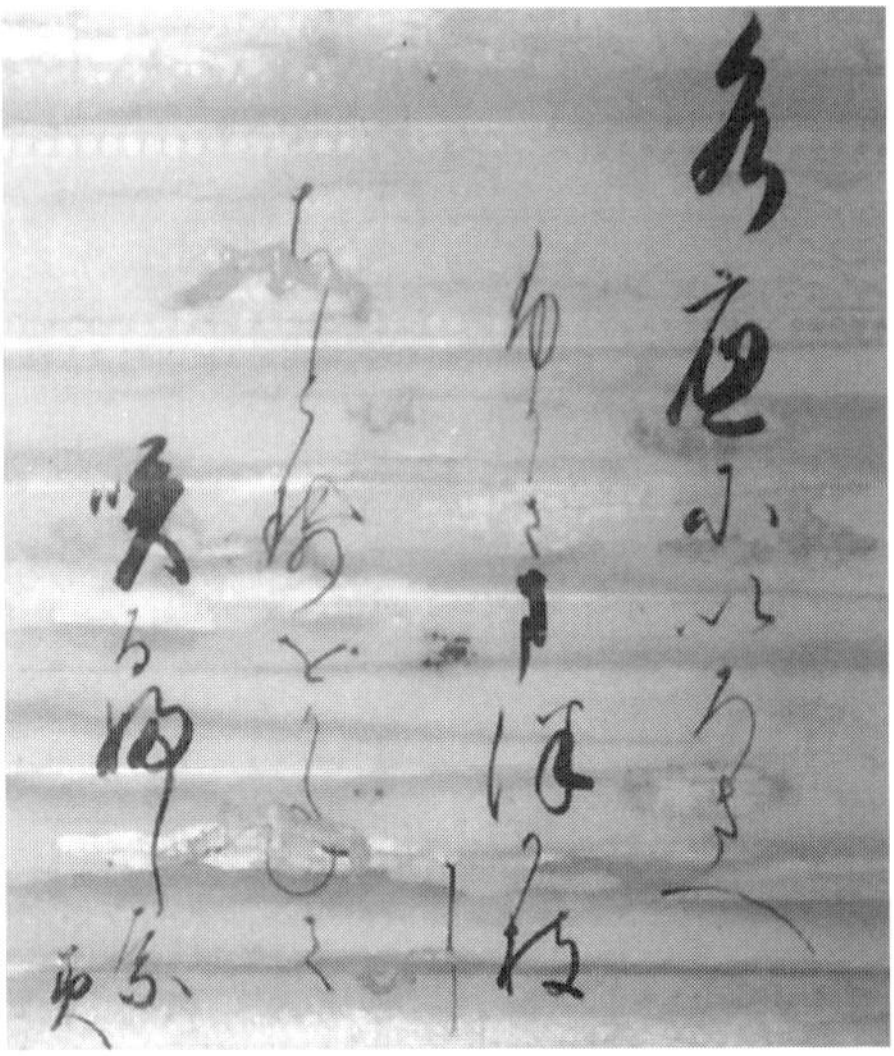

一七代伏見宮邦頼親王筆の詠歌（春日神社所蔵）

みやびを歌う貴人、文人、佳人の詠み歌

江戸時代に、貴人、文人、佳人によって詠まれ春日神社に奉納された和歌を載せる。

伏見宮宸筆の詠歌

水そこに宮さへふかき松かへに千歳をかけて咲がふじ浪

添書　摂津野田村春日明神伏見宮御信仰に依って今度、藤御歌御染筆御寄付之所候

仍添書件の如し

天明元辛丑年九月

殿上人

若江治部大輔昌長

神主

藤和泉殿

（『第一西野田郷土史』）

この和歌は、天明元年（一七八一）第一七代伏見宮邦頼親王（一七三三〜一八〇二）が、春日神社を信仰していたので、自ら筆を執り書いた和歌を家臣に奉納させた。松ガ枝（帝）に絡んで千年も咲いているふじ（藤原氏）を讃え、それが永久に続くことを願った歌である。

伏見宮はよく知られているように皇族のご一家で四親王家の一つである。崇光天皇の皇子栄仁親王を祖とする。なお、同親王は山科醍醐寺付近の勧修寺《かしゅうじ》門跡、東大寺別当を勧められた。この様な貴人が、近世においても地方の小社に和歌を奉納していたことは、当時においても戦国時代以前に引き続いて、都で野田のふじが細々ながら忘れ去られていなかったことを示す。

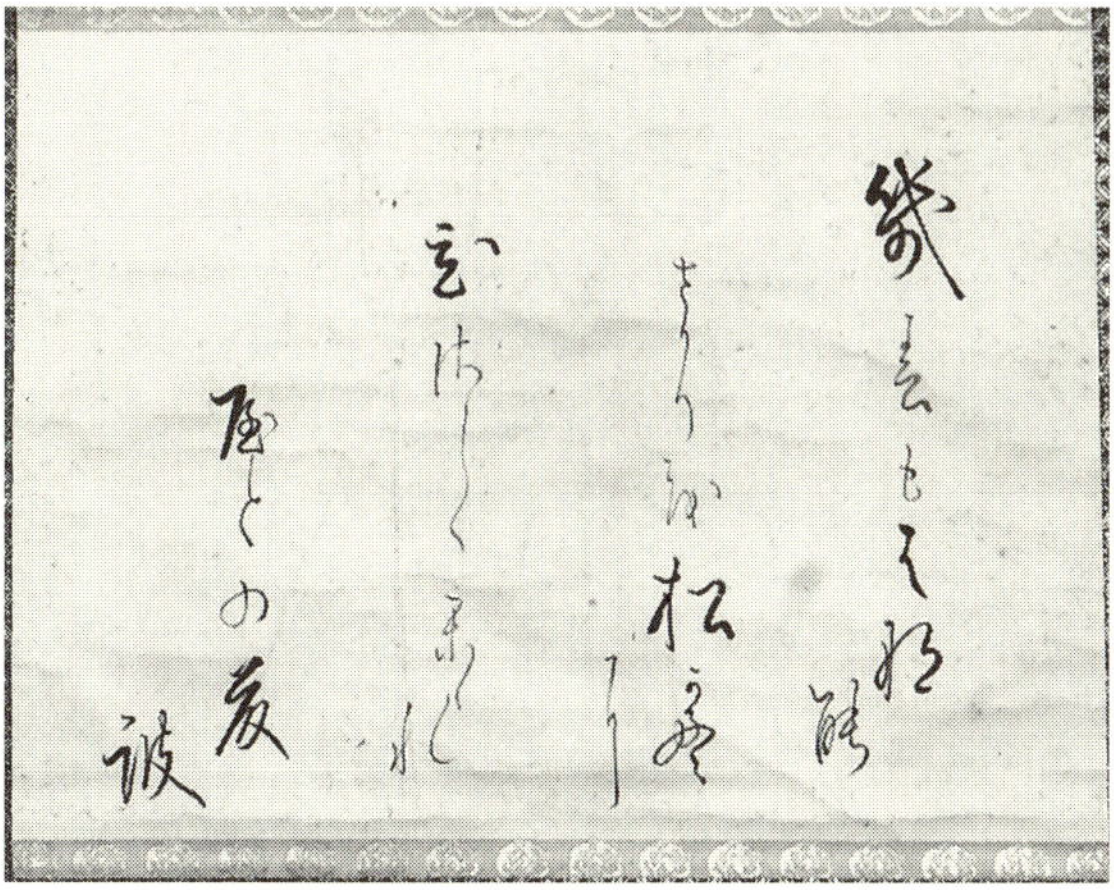

京極宮家仁親王筆の詠歌（春日神社所蔵）

水に映るふじを詠んだ詠歌の起源は、次の例のように遠く万葉集にさかのぼる。

大伴家持（万葉集　巻一九—四一九三）

藤波の影なす海の底清み沈く石をも珠とそわが見る

京極宮家仁親王宸筆の詠歌

幾春も花の盛りを松が登《ど》に飛《ひ》さしく来たれ宿の藤波

京極宮家は、桂離宮で有名な世襲親王家桂宮家の流れである。京極宮家仁《いえひと》親王（一七〇三〜一七六七）は、初代智仁親王から数えて七代目に当たる。京極宮文仁親王の子、霊元天皇の孫に当たる。一品式部卿とも呼ばれ鷹司基子を妃とする。歌道・書道に優れていた。

日野中納言資枝卿の詠歌

春日山へたてぬはるの影しめて神やうへけん野田の

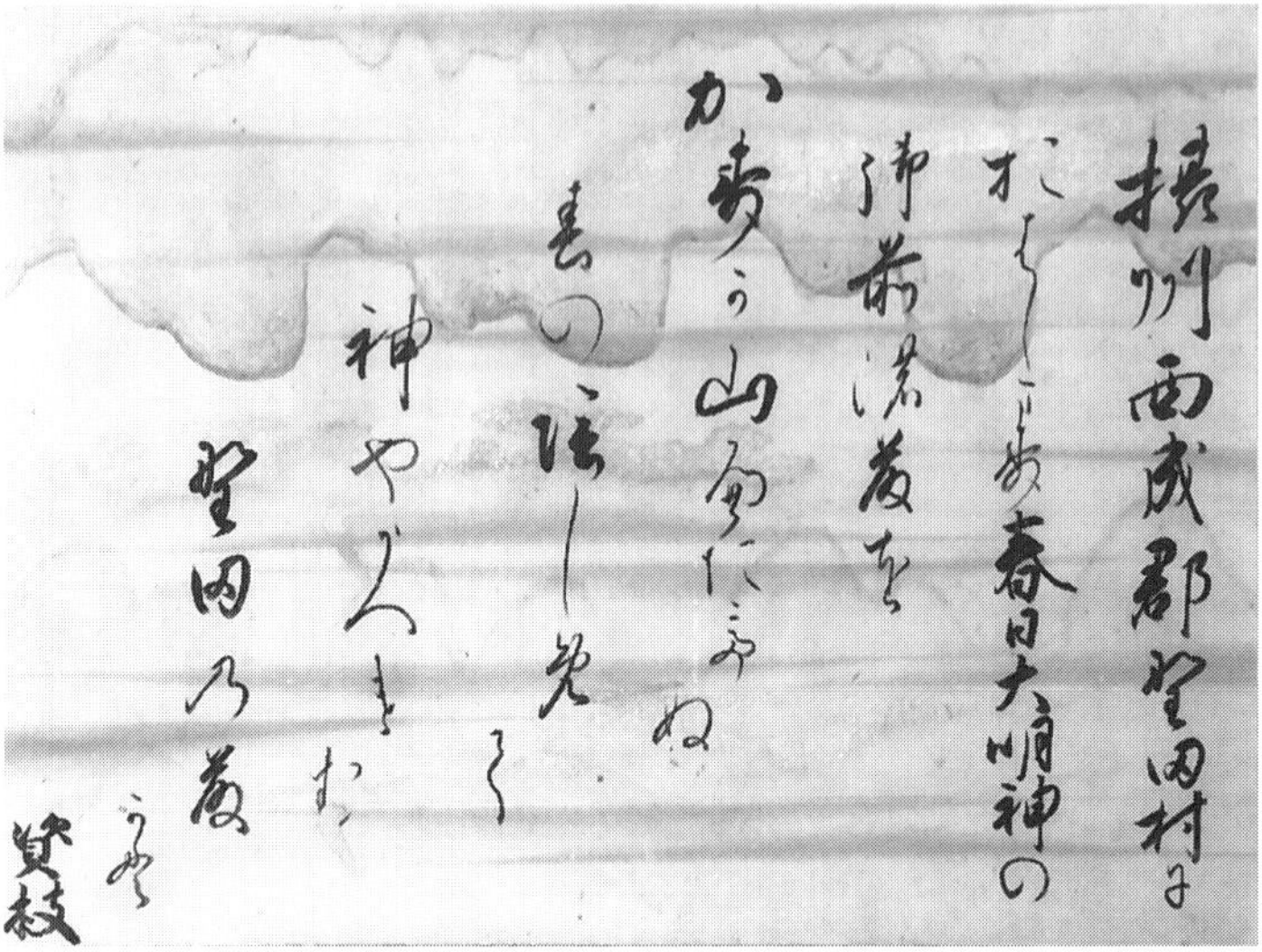
日野資枝前中納言筆の詠歌（春日神社所蔵）

ふじか枝（キ）
添書　摂州西成郡野田村
　　春日大明神
　藤之詠歌　日野前中納言資枝卿
一藤の御自歌　並びに御自詠共
　右は御願所かねてよりその表て春日御
　社名所藤之御自詠歌
　当家も藤氏の御縁別して厚く思われ則
　ち御自詠とも
　御神納なされ候なり
　安永七年戌七月　　日野家
　　　　　　　　　　岡本求馬
　　　　　　　　　西野将監

前述のように、特定の地名を詠み込んだふじの詠歌は少ないが、その中にあって最も多いのは、この歌のように「春日」「春日山」「春日野」であり、それに次ぐのが「住吉」である。これは春日明神は藤

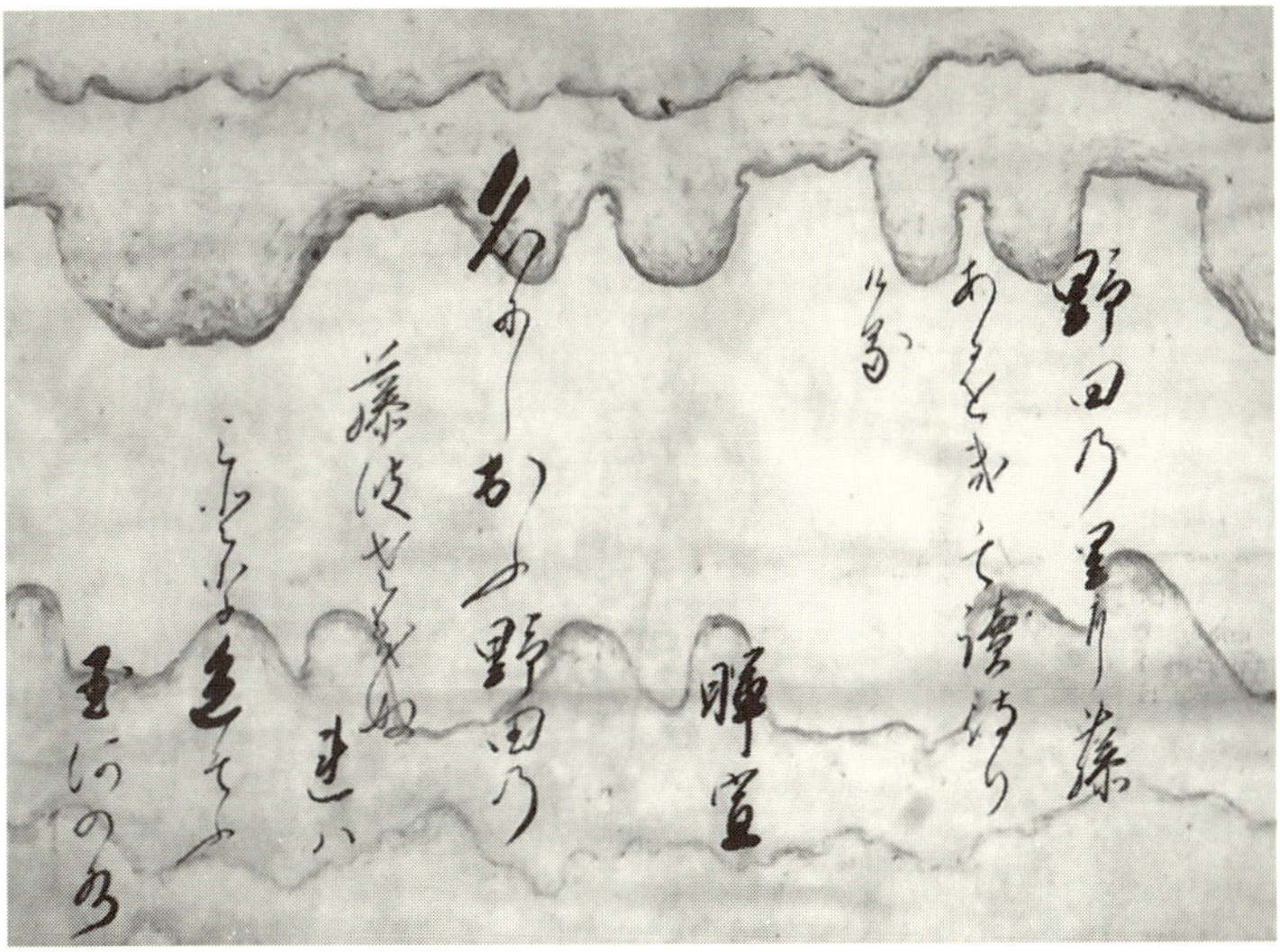
普寂院筆の和歌（春日神社所蔵）

原氏の氏神であり、住吉明神は朝廷の守護神であることと関連している。

日野資枝《すけき》は、春日神社になんらかの願い事をしていたようである。その願いが叶ったのであろうか、「野田のふじは神が植えたのではないか」と大変な賛辞の和歌をしたため、日野家も藤原氏の流れでその縁厚く思い、安永七年（一七七八）、家臣を差し向けて春日神社に奉納させた和歌である。

日野中納言資枝（一七三七〜一八〇一）は、歌道の達人と言われた烏丸光栄の息子として生まれたが、日野資時の養嗣子となり、日野の姓を継いで従一位権大納言となる。当時歌壇の権威を以て仰がれ、近衛内前のために『詠歌一礼備忘』を著し、また光胤の遺業を継いで『歌合目録』四巻を作り歌道発展に尽くした。門下に内藤正範、柳澤保光、高井宣風らがおり、歌集は継子資矩の集収に係わるもの三一巻を数える。

暉宣詠歌　普寂院染筆

野田の里にふじあるときき て読み侍り候か　暉宣

名にしおう野田の藤波さきぬればみどり色そふ玉川の水

添書

名にしあふ

名詠歌の懐紙普寂院様御筆染められ候て賜りに成られ候　以上

下間主税

寛政七年　立春　朧月　頼恭　花押

この添書から、暉宣なる者が詠んだ歌を普寂院が、自らしたためた書軸でありこれは春日神社で書かれたと思われる。

伏見宮同様に水辺の藤詠である。ふじの色を紫と詠むのは、平安時代末期以来の詠歌の技法であることは述べたが、「みどり」と表現した歌は少ないと思われる。江戸時代に入ってからの表現方法であろう。玉川の水に映るふじの色を緑と詠むことで新緑の爽やかな風景描写である印象を受ける。

普寂院（一七〇七〜一七八一）は、真宗大谷派源流寺の秀寛の子である。浄土三部経や儒書などを学び、上京して教学を修める。一七三一年真宗を離脱して諸国を行脚し、山城深草で玄門の弟子となり下総大厳寺で宗戒両脈を受けた。三六年、比叡山の霊空から天台を学び、近江浄土寺に入り京都の諸寺を転住し五一年、長時院に移る。後、江戸目黒に長泉院を創建し住職となり、以後、増上寺などで華厳倶舎を中心に講義を行うなど華厳学の大家である。

寂如上人

浅緑いとよりかけて白露を玉にもぬけぬ春のきはみか

添書

歌　浅緑いとよりかけて

遂に御免奉り　寂如御真蹟無く

なおあらかじめ小にわたり異論者也

順興寺

暮春十一日　常栄　花押

この添書から、この書軸は寂如上人の真筆と思われていたようであるが、鑑定の結果寂如の真筆ではないことがわかった。歌そのものは上人の詠歌と思われるいかにも気品の高い歌である。

寂如上人（一六五一～一七二五）は西本願寺一四世宗主良如上人の子である。良如と共に東西本願寺分離後の西本願寺の基盤を確固とした。法制、堂班、儀礼、法式を整頓し、宗祖四五〇回大

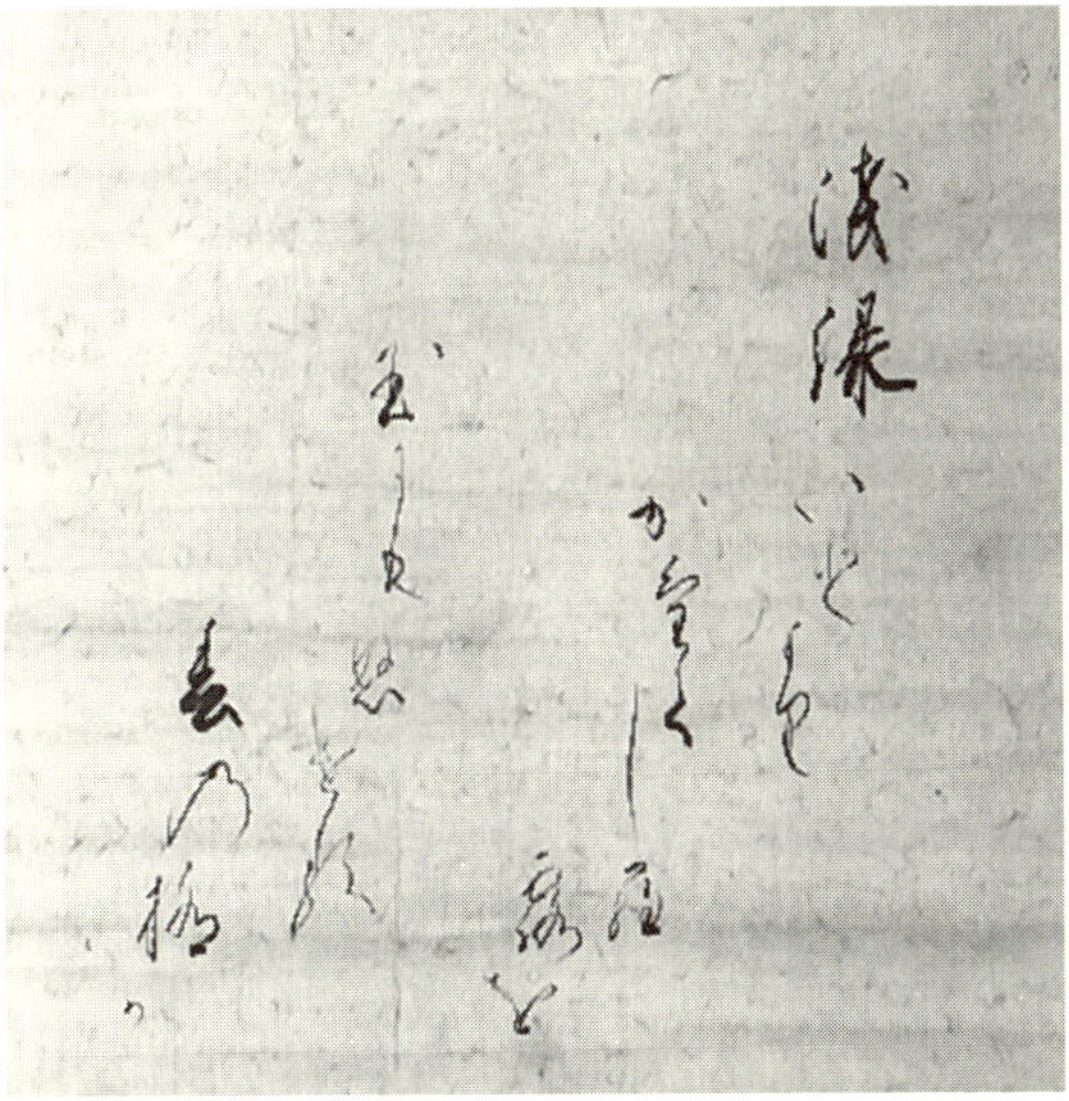

西本願寺第一五世寂如上人の詠み歌（春日神社所蔵）

遠忌を執り行った。一二歳で継職、七〇歳で遷化するまで治山も長く、その事跡も広汎である。幕府は法制八条を諸宗に告示したが、寂如は法制五条を立てて倹約を命じ、別に一〇条を定めて門徒に告示した。江戸時代前中期の声明《しょうみょう》法式変革者としても知られる。

野田を訪れたのは、「藤之宮」完成以前で、まだ野田のふじの知名度は低かった頃である。直参門徒野田衆の門徒頭の居宅である「藤庵」を、近隣の当時は野田惣道場と呼ばれた現在の圓満寺と共にくつろいだ気分で訪れこの歌をお詠みになったのであろうか。

細川玄旨

神代のゆかりを今もむらさきのかわらぬやどの影の藤波

細川玄旨法印（一五三四～一六一〇）は細川幽斎、長岡藤孝、細川藤孝などの名で知られる安土桃山時代、江戸時代前期の武将。母は将軍足利義晴の側室。最初足利義昭を奉じ、のち織田信長の家臣

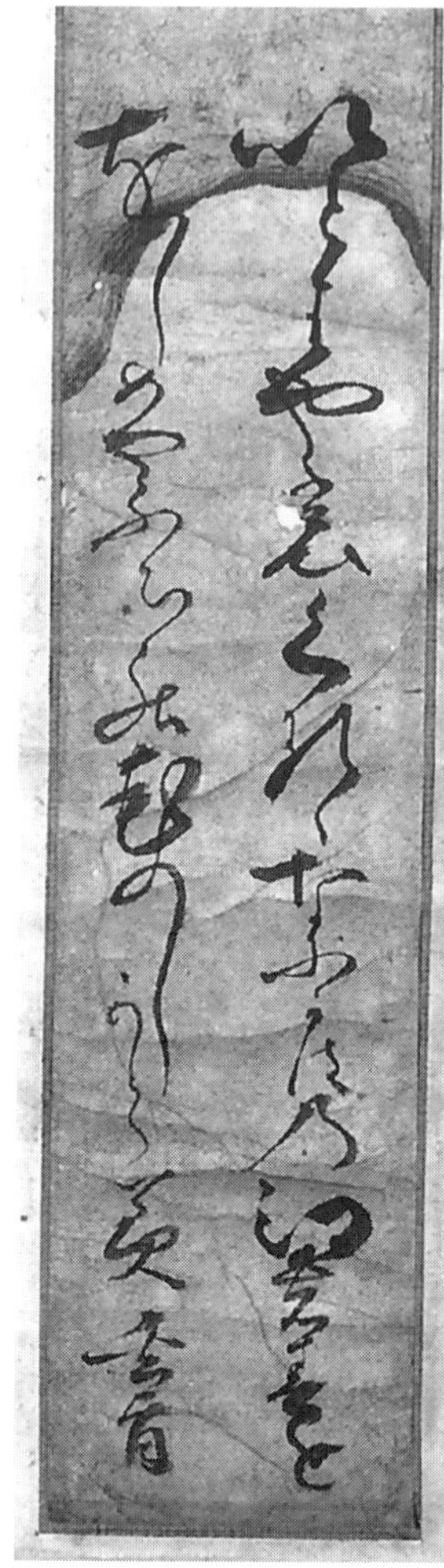

細川玄旨の詠み歌
（春日神社所蔵）

となる。本能寺の変では明智光秀の誘いに応じなかった。文化人としても著名である。秀吉訪問後、その後を慕って玉川を訪れたのかもしれない。

霊元院法皇（和歌百首の内　新類題歌に有り）

咲わかつくるゝ難波の江の春をわかむらさきにかかるふじなみ

霊元院（一六五四〜一七三二）は、一一二代天皇である。後水尾天皇の第一八皇子で、名を識仁という。母は典侍准三官新広義門院藤原基子である。明正、後光明、後西の三天皇と異母皇弟に当たる。この和歌は、野田のふじが「難波江のふじ」という歌枕として、宮中において綿々と生き続けていたことを示唆している。

第一・二章において、『藤伝記』の歌を野田玉川に咲くふじの叙景の歌として描いてきたが、本章で比喩にみちた当時の歌詠みの慣習に照らして解釈すると、思いもかけない意味があることが理解できた。

野田玉川に広がっていたみやびの世界は、明治時代になると近代化の流れの中で人々から忘れられ、現在に至るまで春日神社文書の中にひっそりと眠っていた。

終章　黄昏のときを越えて

明治・大正・昭和と、およそ百年の間にのだふじは急速に衰えていき、ついにふじの古木は野田玉川から一本もなくなってしまう。

あれだけ激しい戦国時代の戦乱を生き抜いてきたふじではあったが、明治以後急速に衰えさせたのは、主に工業化と都市化の流れそして第二次大戦の戦火と台風などであった。

のだふじの黄昏

明治時代になり大阪市が発展するにつれて郊外に家が建ち始めた。江戸時代に至っても続いていた淀川の土砂堆積は明治時代になっても止まらず、海岸線は南の方へと遠ざかり続けた。しかし、野田付近は低湿地帯のため村の中心部以外には家が建てられなかった。明治一三年の統計によると、農業従事者二一六八名、漁業従事者二〇一名、工業に従事するもの二六名であり、明治初期は半農半漁村であった。農作物の種類は米が第一で裏作に菜種が栽培された。菜種が栽培されたことで黄田が遠く浦江まで続き、ふじと共に花見客で賑わった。

明治一八年六月から七月にわたる長雨で、七月二日、下福島村で堤防が決壊し、東は長柄村、西は野田村、北は中津川堤防、南は上下福島村、曾根崎村まで、一大湖になってしまった。この水が引くと今までの泥沼は流出土砂による平地となり、自然に地上げ工事ができ、現在見る野田付近の地勢ができあがった。この後、徐々に家が建てられるようになった。

明治二七年、日本紡績会社の設立によって、工業地・住宅地へと変わっていく。野田付近の工業は、主として莫大小《めりやす》とブラシ製造を中心とする家内工業であった。その後、大正六年には東洋製罐株式会社が設立され工業化が進み出す。

明治三六年に書かれた渡辺霞亭『大阪年中行事』によると、江戸時代末までは大木に絡まり自然のままでのびのびと育っていたふじは、前述したように維新前に伐採され、大部分は現在多く見られる人工的な藤棚に絡まり、一カ所にまとめて育てられるようになった。

近頃は玉川も名ばかりで、芥川になって居る。勿論山吹などは影も見えぬ。以前は野生の藤の古いのもあって、一寸風みやびに見られたけれど、維新前に伐り払って、其後また植ゑたのであるから、今度は極て俗な棚の藤になって居る。その棚の下に床凡を置いて、藤見の客を引くのであるが、何処へ来ても趣味が無い。割子弁当で騒ぎ廻る客ばかりで、花は悲しさうに俗客の玩弄物になって居る。

と書かれている。この頃には、玉川付近は多くの家々や、小さな工場が立ち並び、自生地は江戸時代

戦前の春日神社

よりさらに狭くなった春日神社の境内に限られ往時の面影は失われてしまった。
大正の頃ののだふじと春日神社は、『大阪府全志』に次のように記録されている。

野田の藤は玉川町一丁目にあり、古来有名なる野田の玉川の藤にして、貞治三年足利義詮は住吉参詣の途次駕を巡らしてこれを賞し、その姿を玉川に擬して和歌を詠ぜしかば、是れより野田の玉川の藤とは称せしとなん。池辺に石を建て其の歌を刻せり。当時の藤花はすこぶる盛んなりしものならん。然るに天文年中兵火に遇ひて亡失し、遂に昔日の名残を存せるに過ぎざりしが、文禄年中豊臣秀吉は此に駕を巡らして尚これを賞し、亭を藤の庵と号し、曾呂利新左衛門をして額を書かせしめてこれを下付せりといふ。其の後国学復興の一人下河邊長流もまた此の地遊覧せり。傍に春日神社あり、無格社なり。天児屋根命を主神として、相殿に天照皇大神、宇賀御魂神を祀り、本殿の外に拝殿、神楽所および相殿社、稲荷神社の二末社あり。社は此の藤花あるに依りて藤原の祖神を祀りしものなるべし。昔は紫藤の名高くして、小歌節にも吉野の桜、野田の藤と唄はれ、俗に影藤とも称し、弥生の花盛りには遠近此に来りて其の幽艶を賞し、茶店飲食店も設けられ、花下は市をなすを恒とせしが、物変り星移り其の地は明治三一年一一月八日藤富衛の所有地に転じければ、古来の勝区も四囲に家屋を建設し、漸次俗気に侵され、今は僅に其の面影を残せるのみ。

以下に初めに引用した西園寺公経の和歌と足利義詮の二首の和歌が記載されている。

昭和一〇年頃、牧野富太郎博士がのだふじの観察に来ている（巻頭写真）。この写真にあるふじは戦災にあって焼失したが、今は全く同じ場所に藤棚が再建されている。

学術文献に「ノダフジ」と命名したのはそれより以前の明治四四年のことである。牧野博士が訪れた、昭和の初期までは、未だふじの古木は一〇株ほど残っていた。寛政九年（一七九七）、一一代宗左衛門が建てた藤屋敷には、伝説で有名な「影藤」を映し出す、「影藤の間」と呼ばれる客間があり、ひき戸にふじの花びら模様にくり抜かれた、小さな穴から漏れてくるふじの樹もれ陽を楽しんだという。藤庵の庭と共に戦前まで残っており、遠方より見物に来る人もいたという。

第二次大戦末期、昭和二〇年六月一日の空襲で、藤庵と呼ばれた屋敷、大部分の古文書や書画骨董類もふじと共に焼失した。現存するのは疎開して難を逃れた一部にすぎない。

この時、ふじが棚ごと焼け落ち、黒く煤けた庭石、焼けこげたクスノキの大木、焼夷弾の油のにおいが漂っていた。紫のすだれのようなふじの花房、その下に敷き詰めた鮮やかな緋《ひ》もうせん、周囲一面に咲く黄色い菜の花といった戦前の風景は二度と戻らぬものとなった。

その後、一時、ふじの古木は少しは蘇っていたが、昭和二五年九月のジェーン台風で塩水を冠水したり、日照も悪くなって樹勢は衰え花を咲かせなくなってしまった。昭和四六年には阪神高速道路神戸線の工事に伴い、藤庵の庭のある家も立ち退きにあった。この時、最後に残っていた二本のふじの古木も、樹勢が衰えていたため移植は困難と判断され切り払われた。藤庵の庭は、下福島公園に移された。春日神社境内には「野田藤の跡」の石碑が大阪市の手によって建てられ、ふじの古木は野田玉川から完全に姿を消し、長いのだふじの歴史に終止符を打った。

焼け跡から芽を出した野田ふじと藤平八・加恵夫妻

のだふじの再発見

終戦後から昭和四〇年中頃まで約二〇数年間、昔はふじ名所だったことも、その伝説や歴史も、地元の人からさえすっかり忘れ去られてしまった。

昭和四六年、当時は大阪福島ライオンズクラブ（以下ライオンズクラブと略称する）が設立されて間もない頃であった。創立メンバーの一人として、支部の副会長をしていたフジタ病院長（当時）藤田正躬氏のもとに、ある日、玉川の歯科医伯方時夫氏が『玉川百年のあゆみ』を持って訪ねて来た。そこには「野田には、のだふじという有名なふじがあって豊臣秀吉の頃から吉野の桜を観に行こうか、野田のふじを眺めに行こうか」と言われていたと書かれていた。

委員会を開いてこれはライオンズクラブとしてよいアクティビティーになると、早速これを探し出し、まず野田の地に広めようと決定した。幹事だったナリス化粧品の社長（当時）村岡有尚氏も、相談にのるなど協力を惜しまなかった。

植物関係の本もにわかに勉強したところ、日本にはのだふじとやまふじがあるらしいことがわかった。玉川町に藤家があるからあそこへ行こうと、藤加恵さんに面会し「ふじの苗木がほしいんですがのだふじの苗を分けてくれませんか」と持ちかけた所、喜んで「今度、新なにわ筋が出来るので、種の保存のため、ふじの古木をどうにかせねばならないと考えていたところだった。苗のことならこちらがお願いしたいところです」ということで、その場で意気投合した。これがのだふじの復興につながる最初の出会いであった。

さらに幸運は続く。入手した苗をどうしてどこで増殖したらよいか見当もつかなかったが、藤田氏らはそれを調べるために大阪市公園課を訪問した。そこで会った公園課長は、藤田氏の旧制高等学校柔道部の数年後輩だった。増殖のやり方を調べてもらうよう依頼したところ、二〜三日して「のだふじは大阪市が保存して増やさねばならない事業だと、市の文書にある。市の公園課の仕事として長居公園で増やします」との思いがけない返事が返ってきた。

のだふじの増殖事業に大阪市の理解と協力が得られることになり、ライオンズクラブの活動にも弾みがつき始めた。

この様な経過を経て、のだふじの復興活動は、ふじの原木が切り払われる直前に、ライオンズクラブの手で始まった。大阪市公園部では、約束通り二本の原木から百本の移植用苗をとりやまふじの幹に接ぎ木し、これを長居公園に植えた。

試行錯誤の末、宇治の平等院のふじを台木として、これに原木を接ぎ木するのが一番となった。「それを植木屋さんに頼んで畑で育ててもらった。その後も年間行事としてふじの株分けを続け、次々と福島区内の各小中学校や公園に寄付した」と、初期の頃からのクラブのメンバー、高瀬善方氏は振り返る（『産経新聞』平成一六年四月二六日夕刊）。

昭和四六年一一月一八日から二〇日まで、ライオンズクラブ主催、大阪府教育委員会大阪市教育委員会共催で、大阪市立玉川小学校の講堂で「野田藤展」が開催された。そこに『藤伝記』など本書に掲載した史料色紙絵画など、約百点が展示された。展示会には三日間に四千六百人の入場者があり、戦前を懐かしんだり写真のふじの美しさに感心していた。

「野田藤展」のパンフレットから、西村善司会長（当時）のあいさつの一部を引用するが、その高い見識と並々ならぬ決意の程が伝わってくる。

（前略）この著名な野田藤も、（中略）枯死寸前であります。当大阪福島ライオンズクラブは、この全国的に珍しい文化的、植物学的遺産を惜しみ、何とかこれを守り保存し、野田の地に開花させたいと希い、総力をあげてつとめてまいります。（中略）「野田藤」の史的価値を再認識して頂くと共に、大阪のもつ意義ある文化の顕彰につとめたいと念願する次第であります。

まさに、高速道路の下に埋もれようとしていた藤庵の庭は、ライオンズクラブの依頼で大阪市公園課の協力によって、昭和四八年下福島公園の東側にそっくり移転され、昔ながらの庭園と藤棚が復元された。

かつては藤庵の庭の片隅に、「藤庵」の古碑（摂州西成郡村々建立、文禄三年春）や形の面白い手水鉢（秀吉が使用したものと伝わる）や小さな社等があった。また庭石の配置方法などから、この庭は相当古い時代の作庭と認められていた。この庭園にあったのだふじは大きな古木（クスノキ）にまつわり、鬱蒼と茂り昼なお暗いほどであったが、残念ながら復元された庭には、これらは見られない。

昭和五六年、小冊子『野田藤とその歴史』がライオンズクラブ（会長稲貝正信氏〈当時〉）の手で刊行された。これは「まえがき」でも紹介したように、渡辺武氏が藤伝記を中心に、豊富な知見を加えたのだふじの歴史を考証した労作で、大阪のユニークな郷土史料として貴重なものである。巻末には「フジの育成管理の仕方」も記されている。ライオンズクラブは一万部を印刷し、区内の小中学校の全児童に無償で配布した。

大阪市によって下福島公園に移設された藤庵の庭

大阪市立玉川小学校にて開催された野田藤展

牧野富太郎博士訪問の場所に再建された藤棚と春日神社

ライオンズクラブが建てた野田藤の由緒板（ライオンズクラブ提供）

福島区のシンボルフラワー

春日神社境内にライオンズクラブが建てた藤棚（『浪花百景いまむかし』より）

「ふるさと再発見」運動を進めてきたライオンズクラブの地道な活動によってのだふじはよみがえった。この頃には、下福島公園の一六〇本を始め、福島区役所前庭・区内一一の小中学校に藤棚がつくられ、花が咲き出した。昭和五六年五月七日、脇坂保正幹事の企画により「第一回野田藤祭り」が行われ、二〇〇〇人が参加した。この行事では、福島区の民謡同好会（藤井艶子会長）が、創作した「野田藤音頭」が藤棚の前にもうけられたステージで公開された。一般の家の庭にのだふじが植えられるようになったのもこの頃からで、区民の花として根付き始める。平成六年には、ライオンズクラブの手によって春日神社境内に藤棚、玉川の池跡にはのだふじの由緒板も建てられた。

のだふじの里帰り運動

より純粋種に近いのだふじを、地元に植えたいとの願望は、江戸時代に地方に持ち帰られたのだふじの里帰り運動につながった。

中山の大藤は、水郷で有名な柳川から東北の、福岡県山門郡三橋町中山の熊野宮境内にある。福岡県指定天然記念物の大藤で、前述のとおり造り酒屋の萬さんが上方の野田から持ち帰ったとの言い伝えがあったが、その「野田」が何処にあるかわからなかった。元小学校校長の新開勇氏は、そのルーツを探し、「高尾の紅葉野田の藤」と伝承を頼りに、京都の高尾付近を中心に、五日間、野田郷を探したがわからなかった。ところが、三橋町に近い瀬高町出身の、福島八丁目で事業をしている塩塚氏が、里帰りをしたときこのルーツ探し運動があることを知り、「福島区の野田である」ことに気づき、前述のライオンズクラブ発行の小冊子の存在を、三橋町の新開政吉氏に連絡した。こうして「中山の大藤」のルーツがわかったというエピソードがある。

昭和五七年五月、ルーツ探しという永年の夢が叶えられたと大喜びし、新開氏らは野田を訪問した。

宇和島天赦園ののだふじが、むかし野田から移植されたふじであることがわかったのは、全く偶然のことであった。井形正寿氏（前出）が、四国巡礼の折り天赦園に立ち寄り、二百年前に野田から移植されたのだふじとの、偶然の邂逅をした。

井形氏によってもたらされた情報にもとづき、昭和五六年、宇和島ライオンズクラブ（田部茂雄会長）の仲立ちで、天赦園のふじの枝根など十数本が里帰りした。四月二五日大阪福島ライオンズクラブの会員三四名が天赦園ののだふじを鑑賞し、両ライオンズクラブで交歓会を開いた。

その後、圓満寺などの依頼により、宇和島在住の入口健太郎氏の仲介があり、伊達文化保存会、伊達事務所（上田豊朗所長）でのだふじを実生から三年がかりで育てられ、平成一二年一一月、筆者等はそれを受け取りに行った。持ち帰った一〇本の苗木は、福島区内の小学校・公園・圓満寺・春日神社に植えられ順調に育ちつつあり花を咲かせるのも間近と楽しみにしているこの頃である。

シンボルフラワーのだふじ

こうしたライオンズクラブの努力、区民の協力に応える形で、平成七年にのだふじは福島区のシンボルフラワーに選定され、町おこしの一端を担うようになった。それまで三つの草花の区花から変更するためには、紆余曲折があり関係者は苦労をしたがそれを何とか乗り切った。住所変更と同じように、あらゆるものに前の区花がデザインされており、これらをのだふじに変えるために大変な労力と費用がかかったが、今は区職員の名刺をはじめ種々のものにのだふじの花をあしらった区のマークがデザインされている。

毎年、四月二九日（みどりの日）には、区の主催、ライオンズクラブの協賛で「フラワーフェスタ」行事の一つとして、「野田ふじウオッチング」が開催される。これには区内外から一五〇名前後のファンが集まり、区内ののだふじの見所《みどころ》を約二時間かけて回る。この「フラワーフェスタ」では、ふじの苗木の頒布も行われる。

また、行政はふじをはじめとする花の育成のため、区民のガーデニング活動を支援している。このために定期的に講習会を開き、地区毎に緑化リーダーを育成し、さらにこの中からグリーンコーディネーターを選出している。このグリーンコーディネーターはガーデニング活動の中核となって、区内の緑化を進める一方、のだふじの普及活動も指導している。こうした地道な教育活動と、前述のふじの苗木の頒布により、一般家庭へものだふじが普及し始めた。区内の藤棚は実に一二七棚にも増え、植えられているのだふじは、二三二本におよぶ（平成一一年六月二〇日調）。

花の季節に街を歩くと、そこここの家の軒下に鉢植えのふじが咲き、区内の全小中学校の校庭、そして公園には必ず藤棚がある。これら公園のふじは、大阪市公園事務所の手で、冬にはツルの剪定、

下福島公園の野田フジ。藤棚の下で将棋を指すなど、区民の憩いの場になっている（ライオンズクラブ・内藤勲氏撮影）

夏には水をたっぷり遣られ大切に育てられている。

商店街では「のだふじカード」が使われ、区内限定で「のだふじワイン」や「のだふじ米」、「のだふじせんべい」が売られている。平成一三年に、区内で最初に建てられた、老人保健施設も「老健のだふじ」と命名された。

このように、のだふじは区民の生活に憩いの場と潤いを与え、区のシンボルフラワーとして根付きつつある。

明治を象徴する思想家であり「天ハ人ノ上ニ人ヲツクラズ、人ノ下ニ人ヲツクラズ」の言葉で知られる慶應義塾を創立した福沢諭吉は、福島区の旧阪大病院付近にあった中津藩蔵屋敷で生まれたので、福島区と大分県中津市とはゆかりが深い。昭和五七年に姉妹提携を行い、福島区からのだふじの苗を中津市に寄贈した。このふじは現在、一三棚に増え、中津市の田尻緑地公園に見事に咲き誇っている。

区内のふじは、かなり本数も増え定着し始めた。今後は、（中津市におけるのだふじ移植の成功例を踏まえ）対外的にのだふじを普及宣伝することも、地域の人々と一緒に考えていくべきと思う。

と福島区役所区民企画室の職員は熱心に語る。行政と区民、ライオンズクラブが、三位一体で力を合わせている姿に、復興しつつあるのだふじの歩みに力強いエネルギーが息吹いている。

あとがき

中世初めから近世末まで、野田のふじは、伝説と歴史に彩られた花であり、まさになにわの文化の一つでした。ここを訪れる貴人、文人、佳人達はそれらに思いをはせつつ、歌を詠みあるいは紀行文を書き残しました。この本を書き終えて、牧野富太郎博士は、それらをよく認識された上で日本古来のふじを「ノダフジ」と命名されたと実感することができました。

また、平和のありがたさをつくづくと感じます。平和な時代にはふじは栄え、戦乱の時代にはふじは衰退していました。現在は、戦後六〇年、すっかり平和な時代になり、ふじも徐々に復興を始めました。行政やライオンズクラブ、多くの福島区民の力によって、広く福島区内の小中学校・公園など公共の施設を中心に、個人の家庭でも栽培されるようになったことは、大変喜ばしく思います。

本書執筆にあたり、渡邊忠司教授には古文書のデータベースの作成に始まり、本書全般の構成、内容の精査、文章の詳細チェックまで、懇切丁寧にご指導をいただきました。これらは学生の指導、日常のご自身の研究と執筆活動など非常に多忙な時間を割いて行われました。時には挫折しそうになるところを、何とか脱稿まで導いてくださいました。

石井進氏には、ボランティア活動をする傍ら、未解読であった古文書を一つずつ釈文していただきました。参考史料b〜fは同氏による釈文の一部であります。そのほかに、関係史料の収集をも手伝っていただきました。

渡辺武著『野田藤とその歴史』は、『藤伝記』の解説・釈文・注とあわせ、本書において通奏低音の役目を果たしていることを明記したいと思います。

奥林亨氏は、福島区海老江の浄土真宗東本願寺派南桂寺前住職で、二一人討死の伝承の歴史的および宗教的意義をお教えいただき、また議論もしていただきましたが、何よりもその高潔な人柄に直接する機会を得たことは得難い経験でした。九二歳というご高齢にもかかわらず、かくしゃくとされています。なお南桂寺は、室町時代に草創された海老江惣道場を前身とし、明暦三年（一六五七）に寺号取得した、区内屈指の由緒の古い寺であります。

金龍静氏は、北海道で浄土真宗圓満寺の住職をする傍ら、畿内天文の一揆の研究をすすめられ、講演活動、本の執筆などで各地を訪問されておりご多忙な日々を送られています。その中にあって、「二一人討死の伝承」に関してほかの人からは得られない貴重なご意見情報をいただいた上、一つの歴史的事実を検証するに際し、事実を積み重ね多面的に構築していく基本的手法を教えていただきました。

吉沢千代子様からは、埋もれていた「語り部伝承」の提供を受けましたが、これによって「二一人討死の伝承」をより深く考察するきっかけを与えていただき、地元の者でないと書けない、特徴のある本に仕上げることができました。

しばしば引用した『野田藤と圓満寺文書』（発行圓満寺棘恵照住職、編集愛媛大学内田九州男教授、和田義久全国歴史資料保存利用機関連絡協議会会員、編集協力者、古文書研究家野市勇喜雄博士、井形正寿、藤三郎）は、近世から近代にかけてののだふじに関する文献の集大成であります。本書は第五・六章および終章の執筆に際し先導的役割を果たしました。また編集者の一人、和田義久氏には執筆の最終段階で、それまでやや曖昧だった部分について事実関係の検証を手伝っていただき、おかげさまでかなり自信の持てる内容になりました。

藤田正躬フジタ病院前院長は、早くも歴史の帳の影に隠れつつあった、のだふじ再興活動初期の出来事を解き明かすきっかけを与えてくださいました。長年の医療活動のかたわら、三〇年間、運動することの重要さを訴え続け、「健康体操」を福島区に定着させられました。そのためか、八三歳になる今も現役で診察は無論、時には自らメスを執る程のお元気さであります。のだふじ復興活動の初期の出来事を、当時の苦労も今となっては楽しかった思い出として生き生きと語っていただきました。

以上の人々のご指導、ご協力、ご努力、ご助言がなければ、本書の完成は困難でした。これら諸氏に改めて厚く御礼申し上げます。

福島区には多くの歴史研究家・歴史愛好者が在住されており、その方々の業績のごく一部は本書の該当部分で紹介しました。この本はそれら先人の研究結果を踏まえたものであり、これらの方に深く敬意を表します。

本書執筆のための準備は、約五年前から徐々に進めていましたが、関係者への聴き取り調査、手紙のやりとりによる情報収集など、それまではできなかったことは、この六カ月間に行いました。その都度、新しい情報、新しい考え方などが加わり少しずつ充実した内容になりました。まだまだ知られていない記録、情報、考え方などありますが、この辺でひとまず区切りをつけ、一冊の本にまとめることにしましたが、野田とのだふじ関係の史実は奥が深いという印象を受けました。

本書の出版がきっかけとなり、今後、埋もれている歴史の真実が少しでも明らかになり、のだふじに興味をお持ちの方、その復興活動に携わっておられる方々に役立てば大変うれしく思います。

福島区のふじが、立派に育ち再びふじの名所として、日本中に名を知られる日はそう遠いことではないと思います。「吉野の桜野田の藤」と呼ばれる日を夢見つつここに筆を置きます。

この本の結びとして、野田出身の詩人中正敏氏(1)に、特にお願いしてのだふじを詩にしていただきました。のだふじの過去の栄華、度重なる災難、そして再生への道を歩み始めた現在の姿を、透徹した詩人の目で見事に描かれています。

この詩をもって、伝説と歴史に彩られた、なにわのみやび野田のふじの長い物語を締めくくることとします。

平成一六年一二月　藤三郎

野田フジ――接ぎ木・藤三郎氏に

中正敏

西鶴は「置土産」に書きとめた
〈野田藤見返りに
福島の里に身をのがれし人の
許に尋ねしに〉と(2)

里を流れる玉川の
水鏡は曇りなくきらめき
振りかえって見た人の姿と
藤の影を鮮やかに映していただろう

人は春霞のかなたから来て
霞のおくへ立ち去る
移ろう人の姿と藤の水影は儚《はかな》く
すぎた日の栄光

平安を焼きつくす歴史の業火と台風
空耳だろうか亡き人の心拍が聞こえてくる
菜の花畑に菅笠と杖の列が鈴を鳴らし
御詠歌がすぎてゆく(3)

蔓《つる》は木に椅りかかる
接ぎ木をすれば祖先の棚に
野田フジの原種が花びらを繁らせる
老いた日溜りの車椅子にも花びらをちりばめ(4)

注

(1) 中正敏　詩人、一九一五年大阪市福島区玉川町生まれ。一二代目太郎兵衛。雑喉場野田庄鮮魚問屋の当主であったが、中央卸売市場移行と共に廃業。野田小学校卒。市立大阪商科大学（現大阪市大）で末川博教授に学ぶ。著書に詩集『水の綫』など一八冊、詩集『ザウルスの車』により第一〇回壷井繁治賞受賞。壷井繁治賞選考委員長。東京在住。（以下詩の注釈は作詩者による）

(2) たぶん藤邸。

(3) くもりなき鏡の縁をながむれば、のこさず影をうつすものかな——御詠歌＝西国五十四番札所・近見山延命寺。

(4) 「老健のだふじ」。

1　**参考文献**

『大阪平野のおいたち』梶山彦太郎・市原実　昭和六一年
『西成郡史』大阪府西成郡役所　大正四年
『日本の戦史「大阪の役」参謀本部』昭和四〇年
『新修大阪市史』第二巻　新修大阪市史編纂委員会　昭和四七年
『西園寺家の興隆とその財力』龍粛　春秋社　昭和三二年
『新訂増補国史大系』尊卑文脈（1）　昭和六二年
『野田藤とその歴史』渡辺武　平成元年
『大阪地誌事跡辞典』三善貞司　昭和六一年
『群書類従一八巻』塙保己一編　昭和五四年
『第一西野田郷土史』乾市松　昭和一〇年
『大阪府史』第四巻　大阪府史編集委員会編　昭和五六年
『福島区史』（財）大阪都市協会編　平成五年
『古文書の語る日本史5「戦国織豊」』峰岸純夫編　平成一一年
『石山本願寺日記』薗田香融編　昭和五九年
『一向一揆論』金龍静　平成一六年
『圓満寺の歴史』居原山圓満寺発行　昭和六二年

『野田藤と圓満寺文書』内田九州男・和田義久編　平成一五年
『大阪府全史』井上正雄　大正一一年
『茨木別院史』奥林亨　平成一二年
『南桂寺と海老江』奥林亨　平成十年
『野田新報（七）』岡倉光男　昭和四八年
『日本名所風俗図会一〇』森修編　昭和五五年
『浪速叢書　第一二』船越政一郎編　大正一四年
『豊臣秀吉を再発掘する』渡辺武　平成八年
『大坂見聞録』渡邊忠司　平成一三年
『大阪春秋（八〇）「特集野田・福島」』酒井亮介　平成七年
『中世和歌研究』安田徳子　平成九年
『日本歴史地名大系第二八巻　大阪府の地名』平凡社　昭和六〇年
『漁村の研究』野村豊　昭和三三年
『大阪古地図集成』玉置豊次郎編　昭和五五年
『玉川百年のあゆみ』大阪市立玉川小学校　昭和四九年
『大田南畝全集』第八巻　昭和六一年
『大阪年中行事「文芸倶楽部定期増刊」』明治三六年
『植物学雑誌』牧野富太郎　明治四四年一月
『大坂城誌』小野清　明治二二年

『大人名事典』平凡社　昭和二八年
『日本仏教人名辞典』法蔵館　平成四年
『日本史大事典』平凡社　平成五年

2　参考史料

（a）**『藤伝記』**　（春日神社文書―25）

摂津国西成郡野田邑（村）藤名所社藤家之由縁《ゆえん》、其古《いに》しへより古跡《こせき》にて、中年之比[1]（頃）焼失の事ありといへとも又残りし事あり。誠《まこと》に諺《ことハざ》に吉野《よしの》の桜《さくら》野田の藤とて世の人知る所にして、代々に伝へ、其誉《ほま》れ高《たか》し。よって在《あり》し事又申伝ふるのミ爰に記す。

第一　弐

野田の辺《ほと》りは難波往古《おうこ》則難波潟《なにハかた》・難波江《ゑ》その流《なが》れの西の里に近辺田《きんへんた》簑嶋《みのしま》・福島《ふくしま》・堂嶋《どうしま》・中の嶋・富島《とみしま》・九条《くでう》嶋・江《ゑ》の子《こ》嶋、嶋々のすがた東南ハ難波江《なにハゑ》の流れ、北ハ浦江《うらゑ》・海老江《ゑびゑ》・江《ゑ》の形《かたち》嶋《しま》と江《ゑ》との其中にして、西ハ瘡海《さうかい》た、へ諸国の海路《かいろ》広《ひろ》し。此地《ち》天順《てんじゅん》によって藤の木余多《あまた》あり。爰《ここ》に藤原家《ふじわらけ》藤足《ふじたる》といふて藤氏流《ふじうじなが》れの人分《ふん》地《ち》なり。此藤足家系古《ふじたるかけいいに》しへの事にて其伝へのミ世の人知《し》る所にして、其人春日明神勧《くわんぜう》請して其比（頃）藤原家の御祈願《きぐわんしょ》所也。則、藤地東ハ福島《ふくしま》・難波江《なにハゑ》の流れのつゞき、平松藤《ひらまつふじ》の樹生茂《きおいしげ》れり。中に春日明神社・藤庵《ふじあん》・藤家《ふじけ》の宅《たく》、其境地《そのけいち》に続《つゞ》けり。北西農作《のうさく》の地《ち》にして、南に民家《みんか》、則《すなハちし》四方嶋川《ほうしまかハ》の間《はざま》の地《ち》也。よって世に用ゆる難波往古図《なにハおうこのず》に民家《みんか》を記《しる》し、野田の郷《ごう》としてこれあると云々。

第三

元弘《げんこう》(2)の、野田の郷より北に当《あた》り、吹田《すいた》の里《さと》に別業 所《べつぎょうしょ》有し時、西園寺《さいをんじ》大政大臣公経公《きんつねこう》(3)、其比《ころ》野田領地《れうち》の内、西園寺《さいおんじ》家之領《れう》これあり。野田は藤名所にして、西園寺家ハ藤原《ふじわら》、春日明神ハ藤原《ふじわら》の祖神《そじん》なれバとて、則、元弘《げんこう》元未年宝劔《ほうけん》(4)を備《そな》へ給ふ。神宝《しんぽう》として代《よ》々に伝へ、信心《しんじん》におゐては其験《しるし》ある事今の世にいたり世人知る所明らか也。

第四　五

吹田《すいた》に別業《べつぎょう》ありし御時、御所《ごしょ》より御幸《おゆき》ましまし、いにしへよりの御詠《ごゑい》、藤遊覧《ふじゆうらん》の御詠、春日大明神へ御奉納ましまし、則、書に題ハ難波江《なにハゑ》の藤《ふじ》、池《いけ》の藤と出たり。猶、書の外、藤御詠歌数首《すしゅ》御奉納あり。今の代に伝ふる其御詠歌の中に西園寺三位中将公広郷《(卿)》(5)御詠歌

難波かた野田の細江を見わたせハ藤浪かゝる花のうきはし

類題和歌集に有　読人不知(6)

いかはかりふかき江なれハ難波潟松のミ藤の浪をかくらん

一条院別当公実郷《(卿)》(7)　御詠歌

なつかしきいもか衣の色に咲く若むらさきの池のふしなミ

西園寺公脩郷《(卿)》(8)　御詠歌

咲ましる花かとも見ん松か枝に十かへりかゝる池の藤浪

冷泉為影(9)朝臣　御詠歌　袖珎歌枕ニ有

なかめやる難波入江の夕なミによせてかへらぬ春のふしなミ

霊元院法皇和歌百首の内新類題ニ有

咲ハ《(わ)》かつくる、なにハの江の春をうら《(わか)》むらさきにかゝるふしなみ

第六

元亀《げんき》元年の比、⑽三好《みよし》山城守入道笑岩《せうがん》⑾とて、此野田の郷《ごう》に居城《きょじゃう》して、春日明神信心によって、神前へ奉納事ありといへとも、紛失に及び、漸少《ようようすこ》しの奉納物あり、今に伝ハる。則、当地に於《おい》て入道の城跡《しろあと》とて、百性(姓)人《じん》家《か》と成りても、名を城の内丁《うちてう》と唱《とな》ふ。また弓場《ゆば》丁とてあり。馬洗渕《うまあらいふち》今にいひ伝ふ。山城守入道此地にありて春日明神信心奉納の事紛失《ふんしつ》に及ひしもありといへとも、残りし奉納物代〳〵に伝へありしと云々。

三好山城守入道笑岩　藤之和歌

　住かひや藤さく野田の神垣にちかひて是そ代〳〵に伝ふる

同奉納物

　刀　壱腰　弐尺三寸五歩

　銘波平母上行安

　　海上守

　脇指壱腰　九寸五歩　銘正宗⑿

　絵双紙壱巻　東山殿義政公⒀御添書有

第七

正慶二年⒁丙七月、西園寺《さいをんじ》家由縁《けゆえん》によりて不動尊安置《ふどうそんあんち》せり。西園寺大政大臣公経公《きんつねこう》、御正号《せうごう》は大宮《おゝミや》と号《ごう》し、北山の御知行所《ごちぎょうしょ》に別業《たて》を建られ、山の方に伽藍《がらん》を草創《そうそう》し給ひ、是を西園寺といふ。恵心僧都《えしんそうず》⒂の作の阿弥陀如来《あみだにょらい》を安置《あんち》せり。滝《たき》の下《もと》に不動尊を安置し、傍《かたハら》に地蔵堂《じぞうどう》を建らるゝと云々。此事実《じつ》ハ管見記《くハんけんき》⒃に委《くわ》しといへとも、此書ハ世の人の見る所にあらす、今世に行ハるゝます鏡⒄に出たり。今の世伽藍《よがらん》の古跡《こせき》ハ今の金閣寺《きんかくじ》也。今の西園寺御菩提寺《ぼだいじ》ハ京寺町にあり。則、阿弥陀如来地蔵尊《あみだにょらいぢぞうそん》此寺にあり。不動尊の御事ハ、古《いに》しへ吹田に別《べつ》業《ぎょう》ありし御時、藤名所へ行幸《ぎゃうかう》ましませし御時、藤氏由縁《ふじうじゆゑん》によって此所に安置《あんち》し給ふ。世の人信心によって其験《しるし》明らか也。

第八

三《ミ》好《よし》一統《いっとう》沢田《さわだ》式部少《しきべのせう》、和歌《わか》の道《ミち》心ざしによって、藤の和歌、此野田の城《しろ》に篭《こも》りし銘々《めいめい》の読《よみ》歌一紙に認め納《おさめ》給ふ。

其和歌

こゝも又おなし心に春日《はるひ》さす光りにもれぬ藤の神垣　三好日向守(18)
難波江の流れハ音に聞へ来て野田の松枝にかゝる藤浪　三好下野守(19)
藤かつら長きめくミ（恵み）の色見へてむらさきふかし神の御前に　三好備中守(20)
瑞垣《ミづかき》にかゝるを幾代あをぎ（仰ぎ）見む神の名にあふ花の藤かえ（が枝）　三好入道為三(21)
難波なる野田の玉江の名にしおふ匂ひ吹こす木々の藤なミ　三好新右衛門尉(22)
幾春をかけて咲らん松か枝に小高く見ゆる花の藤浪　東条紀伊守(23)
へたてなくこゝも宮居は春日山藤なミかけてなひく松かえ　乾《いぬい》伊賀守(24)
幾千代をかけてかハらぬ此神の恵ミもふかく匂ふ藤なミ　沢田式部少
けふこゝに春日の宮に来て見れはうへなき色の藤のむら雲　篠原玄蕃允(25)
常盤《ときハ》なる松のみとりもうつもれて藤をしるしに守る神垣　奈良但馬守
春日野のゆかりの色の宮居ます若むらさきの野田の藤か枝　岩成主税頭《ちからのかミ》(26)
神垣のくちぬためしや久かたの雲間に見ゆる野田の藤なミ　松山新入斎
千早振袖のめくミを猶あをく（仰ぐ）野田の玉江の藤そ栄ふる　松永弾正(27)

第九

御堂上 方《ごとうしゃうかた》御奉納物ありしに、焼失《せうしつ》の事により、今残りし品神宝《しんほう》として代々に伝る。

後醍醐《ごだいご》天王(28)御冠

(29)陽明天王御袍　御添書有

第十

貞治《ていじ》三年(30)辰四月、足利義詮《あしかがよしあきら》将軍(31)津の国難波の浦を御覧ぜんとて、淀《よど》より御船に召《めさ》れ、所々御覧、川伝ひ来らせ給ひ、折しも藤の花盛御遊覧ましまし、春日明神へ御社参、難波江流《なにハゑなが》れのすへ、池《いけ》の形《かたち》を玉川となぞらへ給ひし藤の御詠歌奉納し給ひ、夫より住吉へもふで(詣)給ふ。此事義詮《よしあきら》難波記(32)住吉詣《すミよしもふで》の書に明白《めいはく》なり。

此難波記の書写有

其御歌に

いにしへのゆかりを今も紫のふしなミかゝる野田の玉川

第十一

天文十一年寅三月、三好長慶《ミよしてうけい》いまだ孫次郎教長《のりなが》といひし時、此野田の春日明神へ心願《しんぐハん》して、遊佐《ゆさ》河内守長教《ながのり》(33)の援兵として野田の城より三更《さんかう》に打立《うちたち》ける祐筆蜷川《ゆうひつになかハ》新介に書せて、其性名《せいめい》を顕《あら》ハし、社前《しゃぜん》に捧《さゝげ》奉り、松笠《まつかさ》菱《ひし》の大旗《おゝはた》を真先《まっさき》にすゝませ、河内の国落合《おちあい》の辺《ほと》り高畑《たかはたけ》といふ所にて父《ちち》の仇篠原《あだしのわらさ》左京亮《きやうのすけ》を討《うち》、本意《ほんい》をとげられし心願《しんぐハん》の和歌伝ふると云々。

其和歌に

むらさきのゆかりならねと若艸(草)や葉すへの露のかゝる藤原

此時、三好孫次郎教長常《つね》に信仰の天満宮の画像《ぐハぞう》、軍所の恐れあるによって藤境内《ふじけいだい》へ納給ふ。

第十二　十三　十四　十五　十六　十七　十八　十九　廿　廿一　廿二

天文二年巳八月九日、本願寺第十世證如《せうによ》上人[34]、近江国六角弾正定頼《あふミのくにろっかくだんぜうさだより》不意《ふい》に上人へ敵対《てきたい》、此野田へ落《おち》来らせ、藤境内《ふじけいだい》へ逃込《にげこみ》給ひ、定頼迫掛《さだよりおっかけ》来り、村中馳集《はせあつま》りし内、早藤境内《はやふじけいだい》へ火をかけ、漸《ようよう》上人は忍《しの》バせ、福嶋《ふくしま》の浜《はま》より小船に乗《の》せ、木津川さして落《おち》させ給ふ。跡《あと》ハ村中切むすび敵退《てきしりぞか》せ、折からに手疵《てきず》のもの数限《かずかぎ》りなく、落《らく》命《めい》のもの都合廿一人あり。追々上人聞給ひ、いたハしく思召、小船の内にて、村中への末《すへ》の世《よ》の為《ため》、御書《ごしょ》御認下され、なを藤主へは六字の名号《めいごう》何れも船中にて頂戴《てうだい》いたし、則、木津川堤《づゝみ》へ泉州門徒《もんと》馳集《はせあつま》り、夫《それ》より紀《き》州鷺《しうさぎ》の森《もり》へと落延《おちのび》給ひける。野田門徒《もんと》、猶《なお》藤主も御暇《いとま》申帰《かへ》りし也。よって藤境内灰塵《ふじけいだいくハいじん》と成り、歎《なげか》ハ敷《しき》もいやましに、藤の宝蔵焼失《ほうぞうせうしつ》、数《かず》ゝの宝物失《ほうもつうしな》ひし其中に、三里《り》四《し》方《ほう》へ鳴聞《なりきこ》へし陣太鼓《じんたいこ》、大身《たいしん》の御方《かた》より御墨付《すミつき》印《いん》、諸共に焼失。此事藤家に申伝るのミなから、世の人代々に知る所、則、前文騒動《ぜんもんそうどう》の事、本願寺記ニも記し、討死《うちしに》の御書《ごしょ》とて村内《むらうち》に伝ハり、猶六字の名号藤家代々に伝ハり、世の人知る所爰に記スト云々。

第廿三　廿四

天文二年巳八月九日、本願寺騒動《そうどう》により藤境内焼失《ふじけいだいせうしつ》といへとも、神秘《しんぴ》明神残《のこ》りし宝物、藤のひこばへ、藤主手入に隙《ひま》なし。なを仮社《かりやしろ》仮庵《かりあん》藤主居《い》宅取繕《たくとりつくろ》ひ、誠《まこと》に古跡《こせき》のミと成りしに、不思《し》議《ぎ》なるかな、日々《ひゞ》に藤ひこばへ榎木《えのき》せんだんの木ともに生茂《おいしげ》り、今の世に春をわすれず花咲《さ》き、古跡《こせき》の御事なれバとて、御上之御詠歌御遊覧《ゆうらん》の御事もあり、猶衆人群遊《しゅにんぐんゆう》して春毎《はるごと》に読歌《よみ》春日明神へ奉納、代々に尽《つき》せぬ古跡《こせき》、人の知る所明らか也。

第廿五　廿六　廿七

文禄《ぶんろく》三年[35]午春、太閤秀吉公《たいかうひでよしこう》、藤《ふじ》の花盛《はなさかり》の節《せつ》、古《こ》将軍[36]にも古跡《こせき》をしたひ給ひし地《ち》なれバとて、ひこばへの花ゆかしく思召、御遊覧《ゆうらん》ましまし、藤の庵《いをり》におゐて御茶を催ふさせられ、藤の浪をなせるとあり。輿に乗し給ひ、藤庵の文字を御傍に伺公せる曽呂利(37)に仰せ付られ書せ、藤主へ下し給ふ。代々に伝へ、世の人知る所第一之什物也。又難波江流れの少し残りて義詮玉川とよミ給ふ池の形あるをめでさせ給ひ、常々御信仰の弁財天女の尊像此所に安置し給へり。世の人信心によりて其利生明らかなり。

此後の事にや、太閣の画像、何れの人納給ふと申事、当社の伝記にさだかならす。

第廿八

太閣(閤)の御甥孫《おいまご》下河辺《しもかうべ》長流《てうりゅう》、(38)其比聞《きこ》へし歌人にて、此地へ来り給ひ、ひこばへの藤むかしの余波《なごり》、太閣(閤)、御賞美《しょうび》なされし地《ち》なればとて、其事のミを御前書《まへかき》に記《しるし》給ひ、和歌奉納、今に伝ふる。則、今世に用ゆる摂《せっ》陽群談《ようぐんだん》(39)に記、明らか也。

其和歌

ミつ塩の時うつりにし難波津にありしなこりの藤なみの花

第廿九　三十

万治《まんじ》元戌年(40)、大風雨《ふうう》にて大木藤庵《たいぼくふじあん》へこけ、破損《はそん》に及ひ、仮庵《かりあん》ながら貞享三寅年(41)再建、今の荒《あれ》し古庵《ふるあん》、此仮庵《かりあん》の古跡を伝ふ所也。

第三十一

寛文《くハんぶん》四年(42)辰二月、其比藤境内《ふじけいだい》に狐住《きつねす》ミ夜な夜な鳴く声《こへ》に、江戸高氏《たかうじ》まつのふのしげと申狐のよし、不思儀《ふしぎ》と鳴《なく》あるく事所々人々聞知る所也。時に其身官《ミくハん》により古郷《こけう》へ帰《かへ》るとて、よなよな二、三度もしらせし事あり。其比親狐壱疋子狐二疋、藤境内をつれあるく事常つねなり。然るに、日を重《かさ》ね、其すがたを見せず、所々人びとふしぎに思ひしに、藤主稲荷《いなり》へ社参の折から、社前に水引にてくゝり半帋(紙)中の紙に書あり。これ全《まった》く前にしらせし狐の書と見へたり。諸人こぞって披見《ひけん》せり。其後藤の什物と成り、今に伝る、世の人知るところなり。
此稲荷《いなり》大明神の御事ハ、元弘建武《げんこうけんむ》の比《ころ》、(43)公経公《きんつねこう》御領 地《りょうち》の折から、百姓守護神《しゅごしん》、稲《いね》たづさへ給ふ御すがた、藤原《ふじわら》の家臣《かしん》に刻《きざ》ませ、藤末社《ふじまっしゃ》に安置し給ふ。

第三十二

寛文六午年(44)三月十五日、春日明神御仮社《かりやしろ》御遷宮《せんぐう》、吉田表《よしだおもて》より役人来り、則、春日明神の御事、吉田古書《こしょ》にも往古よりの御神也とこれある御事明らか也。

前書《ぜんしょ》三十二段之書ハ、末代《まつだい》に至《いた》り失《うしな》ハざるため、在《あり》し伝ふるのミ、又世に用ゆる書古言葉書《ふるきことばがき》を寄《よ》せ、藤伝記と号《ごう》し、世の人に語《かた》るにもあらず、藤の家末世に伝へんと、かく示《しめ》し畢《おはん》ぬ。

貞享三(45)寅春　書之　　藤　宗左衛門

注

（1）中年の比　うんと古い時代ではなく、最近のことでもない、その中間との意（以下『藤伝記』の注は、渡辺武氏による）。
（2）元弘　南朝の年号、一三三一～一三三三。
（3）西園寺公経（一一七一～一二四四）　承久の変（一二二一）後、太政大臣。一二二四年北山に西園寺を建て移り住む。
（4）元弘元年（一三三一）　西園寺公経の在世とは一世紀近くのズレがある。
（5）西園寺公広　安土桃山時代伊予国守護。姓は藤原。大政大臣藤原実氏の後裔で、子孫は伊予国を領した。一五八二年長宗我部元親に降り、一五八七年領主戸田勝隆に殺され滅亡した（公広は公経が正しく『藤伝記』作者の誤記と思われる＝筆者注）。

(6) 読人不知の歌　中務郷宗良親王『詠千首和歌』の中の『春二百首』に収録。
(7) 一条院別当公実　西園寺氏の祖通季の父。平安中期。『堀河院御時百首和歌』『新校群書類従』8、七二頁。
(8) 西園寺公修　前中納言『藤葉和歌集』巻第一春歌所収『新校群書類従』7、四二六頁。
(9) 冷泉為彰　『袖珍歌枕』元禄三年（一六九〇）刊の歌学者。
(10) 元亀元年（一五七〇）。
(11) 三好笑岩（康長）元亀元年野田城にたてこもった三好方の部将の一人。
(12) 正宗　鎌倉末期の刀士。
(13) 東山殿義政公　室町幕府第八代将軍足利義政（一四三五〜一四九〇）、将軍在位一四四九〜一四七三。
(14) 正慶二年（一三三三）北朝の年号。
(15) 恵心僧都（九四二〜一〇一七）平安中期の僧。源信。「往生要集」の著者。
(16) 『管見記』　鎌倉時代〜室町時代の西園寺家の日記。弘安六年（一二八三）〜大永三年（一五二三）にわたる。
(17) ます鏡　『増鏡』。室町初期（十四世紀前半頃の）歴史物精。作者不詳。一一八三〜一三三三年の編年体の公家側から見た鎌倉時代史。
(18) 三好日向守長逸　三好三人衆の一人。三好長慶に属す。
(19) 三好下野守政康（一五五四〜八六）三好三人衆の一人。別名十河存保。讃岐十河城主。後、秀吉に仕える。
(20) 三好備中守長房　三好康長（笑岩）の臣。
(21) 三好入道為三政勝（一五三六〜一六三一）元亀元年野田城にたてこもった武将の一人。摂津榎並城主。三好長慶に敗れ、後、信長、秀吉、家康に仕える。
(22) 三好新右衛門尉（一五五五〜一六一四）丹後守、名は房一。三好康長（笑岩）に属し、後、信長・秀吉に仕える。
(23) 東条紀伊守行長(一五四六〜一六〇八) 河内平島城主。後、秀吉に仕える。
(24) 乾伊賀守 長大夫忠清(一五三一〜一六一〇)のことか。三好康長(笑岩)の臣。後、秀吉に仕える。
(25) 篠原玄蕃允 篠原右京進長房(?〜一五七三)と同一人物か。長房は三好義賢の臣。
(26) 岩成主税頭(助)友通(?一五七三) 三好三人衆の一人。
(27) 松永弾正久秀(一五一〇〜七七) 戦国武将。三好長慶の臣。長慶死後、三好勢力を京郡から一掃し、将軍義輝を倒し、幕府の実権を奪う。最後は信長に反して信貴山城に敗死。
(28) 後醍醐天皇(一二八八〜一三三九) 建武中興を実現。
(29) 陽明天皇(この名の天皇は実在せず、『藤伝記』作者の誤りか?=筆者注)
(30) 貞治三年(一三六四) 北朝の年号。
(31) 足利義詮(一三三〇〜六七) 尊氏の子。足利二代将軍。
(32) 『義詮難波記』 藤家に写本ありという。『第一西野田郷土誌』に全文収載(今は失なわれた=筆者注)。
(33) 遊佐長教 畠山氏の重臣。河内守護代。信教の父。
(34) 証如(一五一六〜五四) 九世実如の孫、父早逝のため大永五年(一五二五)十歳で法灯をつぎ、十世法王となる。
(35) 文禄三年(一五九四)。
(36) 古将軍=足利義詮。
(37) 曽呂利新左衛門生没年不詳。堺の刀の鞘師、のち剃髪して茶場・香道・和歌・狂歌等を学び、秀吉の御伽衆となったという。滑稽・諧謔・頓智などで秀吉に愛されたと伝えるが、伝説上の人物で、確かなことは不明。
(38) 下河辺長流(一六二四〜八六) 国学者。大和に生れ、のち大阪に住む。歌道とくに万葉集にくわしかった。秀吉夫人ねねの甥、木下長嘯子の弟子の一人。

(39)『摂陽群談』　岡田渓志著、元禄十四年（一七〇一）刊。
(40)万治元年（一六五八）。
(41)貞享三年（一六八六）。
(42)寛文四年（一六六四）。
(43)元弘・建武の比　一三三一～三七の頃。
(44)寛文六年（一六六六）。
(45)貞享三年（一六八六）。

（b）『藤之宮来由畧記』

（大阪府立図書館蔵）

摂州西成郡野田藤名所藤之宮来由畧記

抑《そもそも》　藤之宮と申奉春日大明神御事ハ、其いにしへ藤原の藤足和哥御祈願所勧請なり、此地野田藤藤名所の事世に高し、誠に難波江の藤池の藤と書に出たり。野田村居出来より野田の藤といふ。近辺福嶋・堂嶋・中の嶋・九条嶋・江の子嶋・四貫嶋・浦江・海老江・此嶋と江との間天順によって藤の木あまたあり、　天子御製乃御哥有たる御事なり。則人皇九十六代光厳院(1)元弘元年(2)吹田に別業をたてられ、行幸ましく〵此辺西園寺大政大臣公経(3)公御領にて、就中当所ハ藤名所、西園寺家ハ藤原氏、春日明神ハ藤原氏の祖神なれバとて、和歌一所に宝剱を備給ふなり、こゝに貞治三年(4)辰四月足利義詮将軍住吉まふでの御時野田の藤花盛りきこしめし御遊覧、則御詠哥奉納、住吉もふでの記にのせられたり。猶　御上々様おさめ給宝物ありといへともおしい哉や、天文二年巳八月九日本願寺第十世證如上人近江国佐々木六角禅正定頼(5)合戦にて此地へおちきたり給ひ、其時野田の百性廿壱人討死、證如上人御書今にあり。此兵乱の間藤地陵廃し(6)社頭および楼閣などのありしも破却し、春日明神の神秘のまゝにてこと〴〵く紛失しぬ。しかりといへども大明神の異光のいまだたへやらせ給ハぬ、御利生[7]によって、古跡の藤ありよって、古将軍も来り給ふ、地なれバとて、文禄三年[8]午の春、太閤秀吉公藤の花盛のころ、此地来らせ給ひ藤菴におゐて御茶をもよふせられ、木々の梢にかゝれる藤の花を詠纜まし〳〵、まことに藤の浪をなせるとあり、一人輿に乗じ給ひ、藤菴の文字を御かたわらに伺公せる曾呂利といふ人に仰付られ、写せ下し給ふ、今の世にあり、当社藤菴乃額楚路利の墨跡なり、むかし難波江の池のこりし池のかたちあり、義詮公玉川[9]となぞらへ給ひしをめでさせ給ひ、つれ〴〵御信仰の弁才天の尊像を安置し給へり、相殿に天照大神・春日明神・弁才天女、此の三神を藤の宮ととなへ願い奉るなり。猶いにしへより藤名所の御事ハ世に用ひる書のごとく、難波江の藤池の藤と出し野田の藤なり。すなわち古来より今にいたる　御上々様[10]和哥御奉納擗され、和哥の御祈願所によって毎年三月廿一日より同廿七日まで神事執行、和哥を備へ神楽を奏する事、まことに以て天下泰平・五穀成就民安全にいのり、又和哥・連俳志のともがらは奉納、則巻にしるし、藤名所の什物にて実に和哥の道すぎをになさしめ給ふ。徳によって家内安全・息才延命・子孫繁昌にまもらせ給ふありかたき古例なり、いにしへ今にいたり御神徳まことに日本にきこえし書にありしことく藤名所藤の宮畧縁こゝにしるすものなり

難波野田藤之宮　神主

注

（1）光厳院　光厳天皇の意か。人皇九十六代とあるが、それは後醍醐天皇であり、光厳天皇は北朝一代でありその在位は（一三三一～三三）。後醍醐天皇の復権とともに退位、のち院政を行ったので光厳院と呼ばれる（以下参考史料の注は、石井進氏による）。

(2) 元弘元年(一三三一)南北朝時代の南朝年号。西園寺公経の時代とは百年の違いがある。
(3) 西園寺公経 鎌倉時代前期の公卿、藤原氏出身。太政大臣、源頼朝の外戚として勢力を伸ばし、北山殿に建立した西園寺を家名とした(前出)。
(4) 貞治 南北朝時代の北朝年号。貞治三年は一三六四年。
(5) 佐々木六角禅正定頼 禅正は弾正が正しい。明応四年~天文二十一年南近江の守護(前出)。
(6) 陵廃(りょうはい) 衰えすたること。
(7) 利生 仏が衆生に与える利益。
(8) 文禄三年(一五九四)第一〇七代後陽成天皇時代の年号。
(9) 玉川 平安時代後期の歌人、能因法師が奥州へ旅した時陸奥塩竈の「野田の玉川」(宮城県塩竈市袖野田町)で詠んだ歌に因むか。歌枕であると考えられる。
(10) 上流階層の人々。

(春日神社文書―55)

(c)『氏書』

一昔野田近郷一圓に西園寺家(1)御領地にて御座候ところ、野田村は領内の京地(2)にて御座候に付き、屋舗を構えられ候て、先祖春日明神へ宝剣そなえられ候よし、その後三・四男の内野田え分地領は、野田の里に御座候、その後世々を経候て、次第に相衰え候よしに御座候え共、高氏(3)将軍の時代迄は、その名残も御座候て御朱印頂載仕り候に付き、只今、少しの除け地も貰い候ては、御朱印地(4)と申し候境内の庵には、西園寺家より代々の位牌御座候ところ、浄土真宗本願寺の騒動御座候て異乱これ有り、宝蔵焼失仕り候、然れ共秀吉公までその残り御座候ところ、その後、四代以前又々出火にて焼失仕り候。只今、所持仕候りところの宝物と申す者は、焼け残り小し計に御座候。先祖よりの位牌系図までも焼失仕り候事、歎げかわしき義に御座候。これに依り慥《たし》か成る證據は相い知り申さず候はば、只　申し傳計りにて、右の残り物より外證據は御座なく候。右の仕合に御座候ゆえ、藤原を遠慮仕り藤と計り申し来り候よしに御座候。右藤氏と申す義書面の通に御座候、以上

明和八年卯九月　藤宗左衛門

多羅尾縫殿様

（春日神社文書―58）

注

（1）氏姓の一。藤原氏北家の支族。清華の一。鎌倉時代前期から勢力を拡大する。
（2）京地　京都のように盛んなところ。
（3）高氏　室町幕府初代将軍足利尊氏のこと。鎌倉幕府討幕の功労者として天皇から一字を与えられ尊氏と改名。
（4）御朱印地　朱肉で押した印を持つ書状に依り所有地の権利を確認された土地。

（d）**『名所古跡の藤』**

恐れ乍ら書付を以て申し上げ奉り候

一名所古跡の藤　所持主　藤宗左衛門

右境内

一除地《じょち》　高（1）三石六斗九升弐合

反別　二反八畝十弐歩

一本社春日明神　相殿　辨才天女
一末社　稲荷・八幡・天神・不動四社これ有り候事。

一藤庵　壱軒これ有り候事。

一義詮《よしあきら》(2)将軍御哥の玉川の跡と申傳へこれ有り候事。

一馬つなぎ　壱ケ所これ有り候事。

一御免地哥名所建札これ有り候事。

一藤主居宅其外建物これ有り候事。

一祭礼毎年十一月廿一日また神楽祭礼と申し三月廿一日より、同廿七日まで、日数七日宛の神事勤め候月これ有り候事。但し町奉行様より神事の間、与力中見回りこれ有る事。

一神道吉田方(3)ニて藤主、則ち寺社願の節、神主、藤　宗左衛門ニて御座候事、神事に付町橋〳〵建札仕《つかまつ》り候事。

一水茶屋(4)これ有る事。但し藤なめしでんがくと申し伝へ、煮売り売り来り候事。

一藤の花折り取る間敷様、尤も境内藤等あらし申さず様、藤盛りの節は、御役所より小者を遣し候様、申し出で候節は、小者(5)遣され下され候事。

一前々より　御城代様并に、所どころ　御奉行所より、藤御覧これ有り候事。

但し、御案内の節并に、翌日御禮に罷り出で候節は、名所藤主藤宗左衛門と書き付け、上下《かみしも》(6)に脇差(7)を帯び罷《まか》り出で候。猶《なお》また、宗左衛門勝手に付き、前々より、村庄屋役相勤め申し候、右由緒より御奉行様、御代官様(8)御廻村の節、脇差を帯び御案内申し上げ候故、御役所様の罷り出で候節も同様に帯び、相勤め来り申し候事。

一右古来より御座候名所藤、元弘・建武[9]の頃、当所西園寺太政大臣公経公の御所領にて、吹田に別業[10]これ有る時、行幸これ有りと申し傳へ、将軍義詮公、貞治三辰年四月御入り、難波記の通り、秀吉公御入の節、曽呂利の筆これ有り。此の外由緒古跡、藤地楼閣・社殿もこれ有る所、天文貳年[11]證如上人合戦の節また、寛文貳年[12]寅年出火の節、焼失・破却致し、右の通り古跡のミ相残り、代々私所持仕《つかまつ》り候。右の通り前々より村差出帳面にも書上げ奉り候通り、相違い御座無く候義に付、右帳外書の儀、恐れ乍ら別段に申し上げ奉り候義、聞こし召し上げ下され候様、左に申し上げ奉り候。

一由緒これ有る私家にて御座候に付き、代々村役勤め候義、據《よんどころ》無き義にて勤め来り申し候、此の段村一統、相勤め候義勤め申さず時節、自分庄屋の儀は、右古跡所持の由緒にて、藤地境内のもの、藤の家自分庄屋年寄勤め申す可き儀、古来よりの古跡の地の義に御座候えば、此の義聞こし召し上げさせられ候様、申し上げ奉り候御事。

一永々御代官所御下私義、由緒の者に付き、藤家永続のため、御下しの帯刀役儀相勤リ、家の儀聞こし召し上げさせられ候様申し上げ奉り候御事。

一藤の宮氏子の輩《ともがら》これ無きに付き、古跡の社《やしろ》永続のために、御礼、御下信心の輩《ともがら》へ相納め申すべき義、聞こし召し上げ下され候様申し上げ候御事。

一藤名木に付き、年中遠方旅人参り引き上げは、難儀のものこれ有るに付き、有り来リ藤境内水茶屋にて旅宿致させ諸人難義仕《つかまつ》らず候様、仕るべき義、聞こし召し上げ下され候様、申し上げ奉り候御事。

一諸人《もろびと》年中来り申すべき藤地に付き、藤社講中諸人寄進・披露の為、藤境内において見せ物等の類い仕来り申すべき儀、聞こし召し上げさせられ下され候様申し上げ奉り候御事。

右は藤地付の御事にて、御座候らえ共、此の段、古跡有り来りの儀に付き申し上げ奉り候御義御座候間、聞こし召し上げさせられ下され候は、有り難く存じ奉り候以上。

摂州西成郡野田村　名所藤主庄屋　藤宗左衛門　印

安永八年（一七七九）亥五月

年寄　清兵衛　印

同　仙左衛門　印

百姓代市郎兵衛　印

小堀数馬様　御役所

右は代々書き上げ申す通り此の度書き上げ候に付き、折り書き相違いこれ無く候以上。

亥五月　藤宗左衛門之を書く

注

（1）除地（じょち）　江戸時代、租税を免除された土地。

（2）足利義詮（一三三〇～六七）室町幕府第二代将軍。

（3）神道吉田方　神道の一派。室町末期に儒教の教旨をまじえず我が国固有の惟神（かんながら）の道を主張する。吉田神道。

（4）水茶屋　江戸時代、茶汲み女をおいた茶屋。

（5）小者（こもの）　江戸時代には小人（こびと）と称され見付の支配に属した。目付は旗本・ご家人等武士を統制し監察した。

（6）上下（かみしも）　裃とも書く。江戸時代の武士の礼服。

（7）奉行　江戸時代の老中支配下にある大坂町奉行の事。

（8）代官　江戸時代、幕府の直轄地を支配し勘定奉行に属した。
（9）元弘（一三三一～三三）南朝の年号。建武（一三三四～三五）南北朝共通の年号。元弘・建武共、西園寺公経の時代と約百年のずれがある。
（10）別業（べつぎょう）別荘のこと。本宅のほかに保養・遊びなどのために設けられた屋敷。
（11）天文二年（一五三三）。
（12）寛文二年（一六六二）徳川四代将軍家綱の時代。

（e）**『藤原末流子孫』**（抜粋）　（春日神社文書―28）

俗名　藤宗左衛門
官名(1)　藤和泉守
法名　藤庵

一そもそも、摂津の国西成こほり野田村、藤の家はそのいにしえ、誠に日本にきこえし藤名所の地、藤原の家の記、国の書にあり、すなはち、当家歴代藤伝記にあり、藤原の末流子孫なり。われこの家に生れきたることありがたく、恐れ敬うべく祖人は申におよバず、父のおしえ、師のおしえを守り、出生より行年の事のみここに記す。
われ誕生は亨保十五年(2)戌正月廿日昼さるの刻出生なり。おさな名宗吉と申なり。父には十八才の時御病死にて離れ、母は河州久宝寺村安井氏なり。我四才の時病死したまひ、（中略）
一十八才の時父病死、前書に有りしごとく、父存命師の教へ村方別して藤の宮大切に守るべしと、廿才三カ年の内は仏事法事を営み、村用大切に相勤め、廿三才の頃より、何とぞ藤の宮再建の願望にて、はや廿六才に及び妻女を迎え、すなわち、浦江村羽間弥左衛門娘、十五才にて家入り、名をお京と申すなり、姉親は此年より隠居致され、法義日々ありがたく行年有りしなり。

一古未は当家壱人の庄屋、中年の頃より三人に別れ有しところ、宝暦四年[3]戌年壱人の庄屋伊兵衛病身にて元の通りこの方庄屋請け取り候なり。

一宝暦五亥年船越場[4]うち井路村為に、下福嶋村領買い取りつかわし候事、慥《たし》かなる書面あり。（中略）

一宝暦八寅年三月廿一日より同四月廿五日まで本社修覆のため開帳いたし候なり、此時御代官内藤十右衛門様、藤記御紏し、差上奉り、御奉行様聞こし召し上げさせられ、すなわち、此の藤記代々当時に至り、御代官所へ相傳りこれ有り候、此の開帳の間、御城代井上河内守様御参詣、甚だ賑はしき御事に候也。

一宝暦九年卯年正月廿一日より、御社再建の願い、同二月十六日見分願い相い済むなり。

一宝暦九卯年閏七月、京都吉田家へ参り、藤の宮并に、官名・装束等相改め相い済み候事。

一宝暦十三年未四月、新田願い、新国役堤願い、すなわち翌年申・酉三ヶ年御紏しにて相済み、数々書面これ有り。

一宝暦十三年未年、御社普請出未《しゅったい》[5]、同三月廿一日より同廿七日まで、正遷宮相い済み候なり。

一宝暦十三年未年、船津橋筋道、村為に世話いたし、永々の道相建て候事。

一明和四亥年、新川出未に付き、我等新田の内川に相成り、新田東西に成り、ならびに川敷代り地、伝法嶋等にて申し請け、当時新田有り姿《すがた》に候事、数々書面にこれ有り（中略）

一安永五辰年、船越場築き出し願人これ有り、村難義筋にて我等苦労いたし、願い相やめさせ候事、委細書面にこれ有り。

一天明七未年、[6]みこの願い京都吉田家相済み候事。

一天明七未年十一月、青木一件に付き江戸表へ召出され、そのほう御陳屋続き、年来の庄屋役御下《した》一統呼び寄せ候ては、村々難儀に付き惣代にて呼び寄せ、青木借金の事存知居り候分、申すべしと仰せられ、御尋の通り相い申し上げ、其のまま相い済み、江戸十二月出立《しゅったつ》、伊勢にて年越し目出度く正月六日、帰国いたし候事。

一天明九申年六月十四日、江戸御巡見備後守様并に遠藤兵太夫殿、杉原八左衛門殿、三宅権十郎殿、藤御巡見、書物等御覧相い済み候事。

一安永五申年、(7)また御開帳、寛政五、御社修覆御遷宮前の通り相い済み候事。

一年来の願い、寛政四子年相済候事は、十八ケ村悪水落し兼ね難儀に付き、我等出精にて当時の通リ、悪水(8)落しよろしく相い成り候事、数々書面これ有り。

一天明四辰年三月十九日、御城代戸田因幡守様町御奉行様、御入り成しくださせられ候事。

一寛政五丑年、圓満寺普請願い、我等甚だ心労にて、首尾よく相い済み候事。

一氏神普請願い相い済み候後、普請銀格別いり候に付、世話人相い退き致すべき様これ無き処、我等心労にて相い済せ候事。

一古来より勤め来り候藤の宮大《おお》神楽、例年三月廿一日より同廿七日迄相勤め候事、御奉行所御断り済み来り、有がたき事に候。(中略)

右の條々は猶此上行年これ在りといへども、家相続第一に候へば、最早七十才に成りぬれば、人には限りも有る物なれば、前以《もっ》て油だんなきやう当年七十歳の賀として祝しおくもの也。

藤庵
寛政第十一巳未年孟春吉辰　七拾歳賀認之(一七九九)

藤子孫代々へ　(後略)

注

（1）官名　神道吉田家から与えられた神官名。
（2）享保十五年　徳川八代将軍吉宗の頃。
（3）宝暦四年　徳川九代将軍家重の時代。
（4）船越場　船を担いで越した場所。両側が水面でその間の陸地がくびれて細くなっているところ。
（5）しゅったい　出来ること。
（6）天明七年（一七八七）徳川十一代将軍家斉の時代。
（7）安永五年（一七七六）徳川十代将軍家治の時代。
（8）悪水　用水に対する語で排水すべき水。

（f）**『摂州西成郡野田村寺社除地御年貢地改帳』**（抜粋）　（春日神社文書―48）

元禄九年
　摂州西成郡野田村寺社除地御年貢地改帳
　　子　十二日
　　　覚
　　新検御帳面
一屋鋪八畝弐拾弐歩　摂州西成郡野田村　極楽寺
　分米壱石壱斗三升五合
　　内
弐畝弐拾歩

是は右寺地境内之内往古より境内之在家御座候に付此分は古検之御年貢三斗四升六合御座候
六畝弐歩
是は右寺屋敷之内寺庫裏境内之内御除地之子細古水帳に茂無御座御証文茂無御座候へとも往古より無年貢地候に而数年有来候所弐拾年以前新御検地之節右境内之内借地屋鋪と一所に高ニ御結御年貢地に罷成申候
新検御帳面古検分候
一屋敷二反八畝拾弐歩　摂州西成郡野田村　古跡之藤屋敷　地主　宗左衛門
分米三石六斗九升弐合
是は往古より名木之藤屋敷に而藤波庵と申古庵ならびに春日之小社御座候故御除地之子細古水帳に茂無御座御證文も無御座候へとも数年無年貢地にて御座候処弐拾年以前新御検地之節高に御治御年貢地に罷成申候（中略）
右之通少茂相違無御座候
元禄九年子十二月　摂州西成郡野田村庄屋　宗左衛門
同　茂右衛門
同　伊兵衛
辻弥五左衛門様
（圓満寺文書4―1―67―5）

（g）本願寺滴翠園藤芽生え移植一件

態と飛札を以って御意を得候、先以って両御門跡様ますます御機嫌能く御座成らせられ候間、御大慶成らるべく候、然れば、旧年御上京の砌滴翠園中へ藤の目ばへ御植添成られたきニ付き、則ち御掛り嶋田左兵衛権大尉殿よりその御寺へ御頼みニ相成り、その節拙寺御面会御相談申し上げ置き、時節ニ向ひ候へば植替の時候、此頃の様ニ存ぜられ候間、何卒御都合能く御取斗らいを以って御献上御座候様、尚又御頼み申し入るべき旨御沙汰ニ御座候、早々御心配りの義分けて御頼み御意を得べく、斯くのごとくニ御座候、以上

二月廿九日　長尾亀斎

圓満寺様

猶書状到着之上を以って否哉御返事下さるべく候、以上

（h）藤家「藤うつり」拝見依頼一件

（圓満寺文書4―1―6―2）

（包紙）「野田　御兼帯所　圓満寺様

津村御坊　森田善三」

御帋をもって貴意を得候、薄暑（に）御座候處、いよいよ御安康成らるべく、御寺務賀し上げ奉り候、然れば、過日来御留守居殿同道罷り出で候處、御留守中斗からず、御面倒藤氏へ相頼み、都合よく夫々拝見仕り有がたく存じ奉り候、尚亦其砌蛤沢山ニ下し置かれ申され候、是等ニ御礼等申し上げず、多罪御ゆるし下さるべく候、扨此方へ此度紀州様御上坂ニ付、御供御家中の中ニ、藤氏之御旧家則ち御同家座敷藤うつりの義、外方より御聞込みニ相成り、内々拝見申したき旨、尤拙子義古郷の因縁を以って頼れ候ニ付、何卒御気毒ながら、藤御氏へ此由御頼み込み下され、座敷拝見致させたく、訳て此段御頼み申し上げたく願い奉り候条ハ、貴面申し上げ候間、先ハ右貴意得べくかくのごとく御座候　以上

四月廿四日

尚以って、本文の義御頼みの一義、定て御困りの義とハ存じ奉り候へ共、旁々頼み越し候間、此段訳て御配

慮頼み承り候、以上

（圓満寺文書2―468）

（i）**宗旨送り一札之事　文政四年**

（端裏）文政四巳年八百屋利右衛門嫁送

宗旨送り一札之事

一備後国福山領沼隅郡田島村百性長左衛門娘もん　〆壱人

右の者代々浄土真宗拙寺旦那ニ紛れ無く御座候、然ルところ此度は福嶋村八百屋利右衛門方へ縁付き致シ候間、拙寺宗門帳相い除き、此の後は貴寺様御帳面に御加入成し下さるべく候、後日のため之送り一札、仍て件の如し

文政四年巳八月

備後福山領沼隅郡田島村　善正寺　印

藤野田村　圓満寺様

（『漁村の研究』）

（j）**『村差出明細帳』（抜粋）**

（前略）

一高千弐百卅壱石六升五合　摂津國西成郡野田村　此反別百三町五反九畝拾壱歩　（中略）

一名所御免地藤屋敷　地主庄屋　宗左衛門

鎮守　春日明神社　相殿　持主　同人、弁才天女社　持主　同人、

本社　三尺　拝殿　壱間、弐尺五寸　弐間

藤波庵壱軒　持主　同人

弐間、北壱間半五尺　庇、東壱間半弐尺五寸　同、三間半、南四間半三尺　縁
右境内弐反八畝拾弐歩除地、尤書面之寺社除地之義御損地帳ニ有之候
一浄土眞宗　東本願寺難波御堂掛ヶ所當村　極樂寺、是ハ寺内六畝弐歩除地、三畝廿歩御年貢地、尤書面之
神社除地之義御檢地帳有之候
一淨土眞宗　東本願寺御抱寺當村新家　南徳寺、是ハ寺内三畝拾五歩御年貢地
一淨土眞宗　西本願寺直参門徒持圓満寺惣道場壱ケ所　是ハ境内四畝拾九歩御年貢地
一惠美須社地　當村氏神　本社　弐間、拝殿　弐間　廊下　壱間壱尺
壱間四尺五寸、三間、壱間五尺　是ハ境内壱反四畝歩除地　（中略）
一尿取舩三百艘、是ハ大坂へ尿取又料作之間ハ田地へ土砂取り入申候其外川々江罷出漁仕候舩ニ而御座候
一舩五拾壱艘、内、三拾五艘　是ハ往古より所持仕候上荷舩ニ而御座候処、元和五未年、町御奉行様御極印
被仰付、毎年壱艘ニ村銀六匁宛運上差上申候、上荷舩より村方ニ而持仕候、壱艘是ハ通渡シ船、運上銀等
ハ無御座候、拾艘是ハ漁舩ニ而運上銀等ハ無御座候、五艘是ハ通イ舩、寶暦八寅年町御奉行様より御検印
被仰付、毎年壱艘ニ付銀五匁宛上納仕候、通舩村方ニ所持仕候　（中略）
一家数、五百九拾壱軒、弐百四拾七軒高特百性（姓）、三百四十四軒無高百性（姓）、内三ケ寺道場、庵壱軒
一人数、弐千百九拾五人、男千百五十六人、女千丗三人、僧六人、牛五十疋、馬無御座候
右者當村差出明細帳、書面之通御座候、以上
宝暦十年辰五月　攝津國西成郡野田村　庄屋　宗左衛門、同　武助
年寄　九左衛門、同　九右衛門、同　忠右衛門
内藤十右衛門様　御役所

3　江戸時代ののだふじの変遷

年号		出典	内容要旨	のだふじ関連の主な出来事
1594	文禄3	参考史料（a）第廿五～七 下河辺長流の書 摂津名所図会・狂歌絵本浪花の梅・盧の若葉	太閤秀吉のふじ見物 秀吉ゆかりの地を懐かしみ書を残す 秀吉のふじ見物を紹介。	秀吉のふじ遊覧後、茶店・楼閣が並び大いに賑わった。吉野の桜・高尾の紅葉・野田の藤ともてはやされたのはこの頃のこと。
文禄年間		参考史料（f）	藤屋敷は古検にて除地になる。	
1614	慶長19	西成郡史	ふじの古木焼失。	大坂冬の陣で戦火を被り、のだふじの最盛期はおわりをつげる。
1637	寛永14	第1西野田郷土史	名田屋利兵衛は荒れた春日神社を復興した。	
1658	万治1	江戸時代災害史 参考史料（a）第廿九・三十	8月31日　近畿諸国大風雨・洪水・高潮。 大風のため大木倒れ家屋が崩壊。	
1662	寛文2	参考史料（c）（d）	出火により春日神社は焼失した。	後、数十年間、のだふじ衰微
1674	延宝2	蘆分船	ふじは殆ど枯れていた。	楼閣なども人住まぬ野良となり藤屋敷一帯は狐狸の住む里になる。
1677	延宝5	参考史料（f）	藤屋敷は新検で年貢地となる。	
1675～1685		下河辺長流の詞書	ミつ塩の時うつりにし難波津にありしなこりの藤なみの花	
1686	貞享3	参考史料（a）	九代宗左衛門「藤伝記」原本を書く。	
1696	元禄9	参考史料（f）	「古跡の藤屋敷」二反八畝一二歩は、再び除地になる。	
		摂州難波丸	念仏行者が修行していた。	今は人住まぬ野良となり所々に其のかたばかり残り、昔の藤の古枝は枯槁せり。
1701	元禄14	摂陽郡談	下河辺長流の書記載	
1704	元禄17	新板摂津大坂東西南北町嶋之図	野田村とのみ記載。	のだふじは地図上にない。
享保年間		福岡県山門郡三橋町中山の萬さんがふじの種を持ち帰る。		再び人に知られ始めた。
1758	宝暦8	参考史料（e）	城代井上河内守、代官内藤十右衛門御参詣。	この頃、現存する「藤伝記」「藤伝記絵巻」が成立したと思われる。
		新撰増補大坂大絵図	野田村・野田の藤	のだふじ地図上に初登場。
1759	宝暦9	参考史料（e）	本社再建願い見分、吉田表より官名装束拝領。	
1763	宝暦13	第1西野田郷土史 参考史料（e）	米屋磯兵衛春日神社再建、山名碑建立。本社普請完成・遷宮。	「藤之宮」といわれる春日神社が再建された。
1771	明和8	参考史料（c）	氏書を代官多羅尾縫殿に提出。	のだふじと春日神社の知名度が、上がり始めた。 まずは、上級武家階級の間で知名度を高めていった。 参考史料（d）は、代官などへの説明マニュアルでもあった。
1773	安永2	難波囃	白藤、春日社、玉川古跡・御免地歌名所	
安永年間		宇和島伊達藩第五代藩主村候公がのだふじの苗木持帰る。		
1779	安永8	参考史料（d）	代官小堀数馬宛ふじ巡見説明書	
1781	天明1	参考史料（d）	青木楠五郎宛ふじ巡見説明書。	
1784	天明4	参考史料（e）	城代・戸田因幡守、奉行巡見。	
1789	天明9	参考史料（e）	幕府巡見使、書物など閲覧	
1797	寛政9	増修大坂指掌図	野田村、御坊、円マン寺、春日社、藤名所	
1798	寛政10	摂津名所図会	春日社、野田藤、義詮、秀吉遊覧	摂津名所図会に取り上げられるに及び、大坂の庶民の間でも有名になり、なにわの観光名所の一つとして定着していった。 村民は「藤野田村」と呼びのだふじを誇りにするようになった。
1800	寛政12	狂歌絵本浪花の梅	豊公御遊覧の節、曽呂利もお供した。	
1801	享和1	蘆の若葉	義詮・秀吉来遊・御宸詠所の古跡。	
1821	文政4	園満寺文書	藤野田村と呼ばれるようになった。	
（安政年間）		浪花百景	野田藤が浪花百景に選ばれた。	

4　のだふじ年表

時代	西暦	年号	出典	のだふじの歴史	関連した野田の歴史
平安時代	1098	承徳 2	 「源平盛衰記」	この頃野田州と呼ばれていた州に漂着したふじの木が育ち始め砂州はふじの木で覆われる	「野田州」が難波古図に初登場 名所「玉川の里」があった
鎌倉時代	1221頃	承久 3 頃	「藤伝記」 参考史料（c）	西園寺公経；春日神社 和歌御祈願所を勧請（？）	「野田郷」と呼ばる
室町時代	1364 1377 1467	貞治 3 天授 3 応仁 1	「義詮難波紀行」 「藤伝記」 「宗良千首和歌」	＜室町幕府二代将軍＞ 足利義詮ふじ遊覧 宗良親王のだふじ詠歌	「野田村」と呼ばる 玉川は貴族の遊行の地 のだふじは吉野まで知られる 応仁の乱勃発
戦国時代	1530 1532 1532～5 1536 1542 1570 1571 1576	享禄 3 天文 1 天文1～4 天文 5 天文11 元亀 1 元亀 2 天正 4	 語り部伝承など 「私心記」 「藤伝記」 「藤伝記」	 「本願寺騒動」でふじ全焼 三好長慶、戦勝祈願の和歌 三好一統・ふじの和歌 野田城落城、のだふじ焼失	摂州の大物崩れ（高国野田城に滞陣） 畿内天文一揆 「中島の乱」で中島中全焼 野田福島の合戦 ＜三好三人衆野田城に籠城、信長と合戦・勝利＞
安土桃山時代	1594	文禄 3	摂津名所図会、狂歌絵本・浪花の梅、盧の若葉、藤伝記	太閤秀吉のふじ見物 秀吉のふじ遊覧後、この付近には茶店・楼閣が立ち並び、大いに賑わう 「吉野の桜・野田の藤・高尾の紅葉」の時代	
江戸時代	1614	慶長19	西成郡史	ふじの古木焼失	大坂冬の陣で戦火を被る
	1637 1658 1662	寛永14 万治 1 寛文 2	第 1 西野田郷土史 「藤伝記」 参考史料（c）（d）	名田屋利兵衛が春日神社を再興 大風のため大木倒れ家屋が崩壊 出火により焼失。　後、数十年間、のだふじ衰微	
	1675～1686		摂陽郡談	下河辺長流（秀吉の曾甥）が書を庵主に与う	
	享保年間： 1716～36		福岡県山門郡三橋町中山の萬さんがふじの種を持ち帰り熊野神社に植えた。		のだふじは再び知られ始めた
	1758 1763	宝暦 8 宝暦13	参考史料（e） 第 1 西野田郷土史、 参考史料（e）	代官内藤十右衛門、城代井上河内守参詣 のだふじ地図上に初登場 米屋磯兵衛・春日神社再建、山名碑建立 「藤之宮」といわれた春日神社再建	
	安永年間： 1772～81		宇和島藩伊達村候、のだふじ苗木を持ち帰り天赦園に移植。		のだふじは上級武家階級の間で知名度を高める 『摂津名所図会』に取り上げられ、難波の観光名所に 「藤野田村」の時代
	1798 1821～	寛政10 文政 4 ～	摂津名所図会 園満寺文書	春日社・野田藤・義詮・秀吉遊覧・曽呂利庵 藤野田村と呼ばれる	
	安政年間： 1854～60		浪花百景	のだふじが浪花百景に選ばれる	
近代～現代	1911 1945 1971 1995	明治44 昭和20 昭和46 平成 7	植物学雑誌	牧野富太郎博士、ふじの和名を「ノダフジ」と命名 第 2 次世界大戦でふじ・春日神社全焼 「野田藤展」開催。ライオンズクラブを中心にのだふじ復興運動開始 のだふじが福島区のシンボルフラワーに！	

5　藤氏略系図

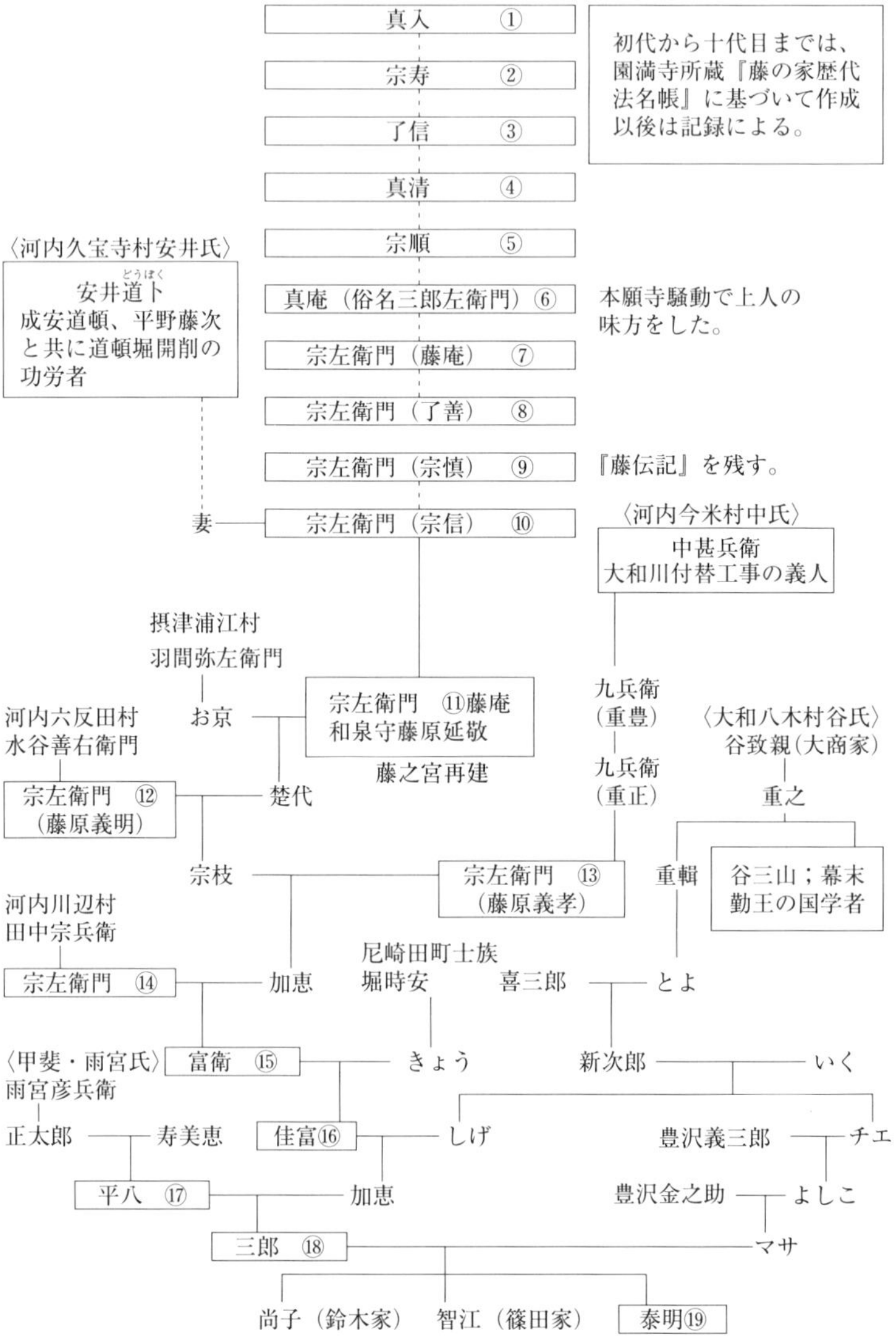
真入　①
宗寿　②
了信　③
真清　④
宗順　⑤
真庵（俗名三郎左衛門）⑥
宗左衛門（藤庵）⑦
宗左衛門（了善）⑧
宗左衛門（宗慎）⑨
宗左衛門（宗信）⑩
初代から十代目までは、園満寺所蔵『藤の家歴代法名帳』に基づいて作成以後は記録による。
〈河内久宝寺村安井氏〉
安井道卜《どうぼく》
成安道頓、平野藤次と共に道頓堀開削の功労者
妻
本願寺騒動で上人の味方をした。
『藤伝記』を残す。
〈河内今米村中氏〉
中甚兵衛
大和川付替工事の義人
摂津浦江村
羽間弥左衛門
お京
宗左衛門　⑪藤庵
和泉守藤原延敬
藤之宮再建
九兵衛
（重豊）
九兵衛
（重正）
〈大和八木村谷氏〉
谷致親（大商家）
重之
河内六反田村
水谷善右衛門
宗左衛門　⑫
（藤原義明）
楚代
宗枝
宗左衛門　⑬
（藤原義孝）
重輯
谷三山；幕末勤王の国学者
河内川辺村
田中宗兵衛
宗左衛門　⑭
加恵
尼崎田町士族
堀時安
喜三郎
とよ
〈甲斐・雨宮氏〉
雨宮彦兵衛
富衛　⑮
きょう
新次郎
いく
正太郎
寿美恵
佳富⑯
しげ
豊沢義三郎
チエ
平八　⑰
加恵
豊沢金之助
よしこ
三郎　⑱
マサ
尚子（鈴木家）
智江（篠田家）
泰明⑲

藤　三郎（ふじ・さぶろう）

昭和14年（1939）大阪市福島区玉川生まれ。藤氏十八代目。（玉川）春日神社総代。

大阪市立野田小学校、下福島中学、大阪府立市岡高校を経て、昭和39年（1964）大阪大学理学部修士課程（高分子化学専攻）卒業。

以後、大手化学会社にて主に研究開発業務に従事。平成11年（1999）定年退職後、プラスチック成形会社の顧問を勤める傍ら、代々伝わる古文書を解読・整理。のだふじとそれに関連した地域史の一端をひもとく。

平成16年、顧問退任後、本書を執筆。平成17年、春日神社隣に「のだふじ史料室」を開設し、春日神社所蔵史料を公開した。平成18年、「福島区歴史研究会」理事。福島区玉川在住。

「のだふじのＨＰ」は、http://www2u.biglobe.ne.jp/~nfuji

なにわのみやび野田のふじ

2006年５月10日　初版第１刷発行

著　者――藤　三郎

発行者――今東成人

発行所――東方出版㈱

〒543-0052　大阪市天王寺区大道1-8-15

Tel. 06-6779-9571　Fax. 06-6779-9573

印刷所――亜細亜印刷㈱

落丁・乱丁はおとりかえいたします。

ISBN 4-86249-005-0

大坂町奉行と支配所・支配国　渡邊忠司　二八〇〇円

近世「食い倒れ」考　渡邊忠司　二〇〇〇円

大坂見聞録　関宿藩士池田正樹の難波探訪　渡邊忠司　二〇〇〇円

おおさか図像学　近世の庶民生活　北川央編著　一五〇〇円

大阪城話　渡辺武　一六〇〇円

大阪城秘ストリー　渡辺武　一四〇〇円

豪商鴻池　その暮らしと文化　大阪歴史博物館編　二〇〇〇円

大阪の引札・絵びら　南木コレクション　大阪引札研究会編　五八二五円

＊表示の値段は消費税を含まない本体価格です。